中国区域生态资源资产研究

城市生态系统生产总值核算与实践研究

主　编　叶有华　陈　礼

副主编　孙芳芳　曾祉祥　李　鑫　陈　龙

深圳市环境科学研究院

科学出版社

北　京

内 容 简 介

本书属于"中国区域生态资源资产研究"丛书。编者在借鉴国内外生态系统服务功能价值、环境质量价值量化研究成果的基础上,深入分析总结现有的生态系统生产总值(gross ecosystem product,GEP)核算案例的经验和成果,立足城市生态系统特征,明确城市 GEP 的概念内涵,在国内率先构建城市 GEP 核算体系,从大自然表现出的生态系统服务、通过人为生态建设和环境管理等实现生态环境的维护与改善这两方面对城市生态系统各类功能的价值进行量化评估,并以深圳市盐田区为例,核算该地区 2013 年的城市 GEP,探讨城市 GEP 在盐田区的实践应用路径。本书的编制可为相关职能部门的生态资源管理、城市规划设计、生态审计、生态补偿、生态环境损害追责等提供技术支撑。

本书可供与生态环境建设及管理相关的政府部门、企事业单位、科研院所和高校,以及从事生态资源价值研究、自然资源资产核算、生态环境资源管理、生态经济、城市可持续发展等工作的管理人员和研究人员阅读使用。

图书在版编目(CIP)数据

城市生态系统生产总值核算与实践研究 / 叶有华,陈礼主编 . —北京:科学出版社,2019.3

(中国区域生态资源资产研究)

ISBN 978-7-03-060429-3

Ⅰ.①城… Ⅱ.①叶… ②陈… Ⅲ.①城市环境–生态系–生产总值–经济核算–研究 Ⅳ.①X21

中国版本图书馆CIP数据核字(2019)第009824号

责任编辑:朱 瑾 郝晨扬 白 雪 / 责任校对:郑金红
责任印制:张 伟 / 整体设计:铭轩堂

科 学 出 版 社 出版

北京东黄城根北街16号
邮政编码:100717
http://www.sciencep.com

北京厚诚则铭印刷科技有限公司 印刷

科学出版社发行 各地新华书店经销

*

2019年3月第 一 版 开本:B5(720×1000)
2019年9月第二次印刷 印张:14 1/4
字数:287 000

定价:128.00元

(如有印装质量问题,我社负责调换)

"中国区域生态资源资产研究"
丛书序

　　党的十八届三中全会通过的《中共中央关于全面深化改革若干重大问题的决定》首次提出要："紧紧围绕建设美丽中国深化生态文明体制改革，加快建立生态文明制度，健全国土空间开发、资源节约利用、生态环境保护的体制机制，推动形成人与自然和谐发展现代化建设新格局。""健全自然资源资产产权制度和用途管制制度。对水流、森林、山岭、草原、荒地、滩涂等自然生态空间进行统一确权登记，形成归属清晰、权责明确、监管有效的自然资源资产产权制度。""探索编制自然资源资产负债表，对领导干部实行自然资源资产离任审计。建立生态环境损害责任终身追究制。"此后，党中央、国务院又相继印发了《关于加快推进生态文明建设的意见》《党政领导干部生态环境损害责任追究办法（试行）》《开展领导干部自然资源资产离任审计试点方案》《编制自然资源资产负债表试点方案》等一系列文件，进一步提出要对自然资源算总账、算长远账、算系统账，通过对自然资源资产总体存量及其变化利用情况的核算与审计及生态环境损害责任追究来实现保护资源环境的目标。这是党中央、国务院关于生态文明建设的一次重大战略部署和制度创新，将会对未来资源环境保护和经济社会发展产生深远影响。"中国区域生态资源资产研究"丛书正是在此背景下，编写组结合前期已有的研究成果编写而成。

　　"中国区域生态资源资产研究"丛书研究内容涵盖自然资源资产、生态审计、生态资源评估、城市 GEP 核算、绿色 GDP 核算等方面，既有典型区域综合性的自然资源资产负债表研究成果，如"深圳模式""西北模式""东南模式"的自然资源资产负债表，也有专项资源资产负债表，如典型工业发展区（宝安区）水资源资产负债表、广东省国有林场和城市森林公园林业资源资产负债表等；既有以综合区域为尺度范围的领导干部自然资源资产审计，也有以行业部门为主的领导干部自然资源资产审计；既有离任审计，也有任中审计；既有长期以来的生态资源的动态变化研究成果分析，也有典型区域基准年的详查资料；既有基于 GDP 为基础的绿色 GDP 核算，也有从生态系统维度提出的城市 GEP 理论及其核算；既有理论的创新探索，也有信息管理平台的建设，更有实践应用和经验总结。

该丛书以生态学原理为基础，围绕生态资源、自然资源资产，从相关概念入手，融合生态学、资源学、统计学、审计学、环境科学、管理学、会计学、经济学等多学科领域的内容，从多个层面、多个维度进行探索，兼顾横向和纵向，分析了典型区域生态资源的动态变化，提出了自然资源资产负债表概念和基本特征、城市 GEP 概念等，在国内率先建立了区域自然资源资产负债表体系、自然资源资产核算体系、城市 GEP 核算体系，设计了自然资源资产审计制度，开发了与自然资源资产、GEP 相关的信息管理平台，形成了一系列多学科交叉融合的理论、方法和技术。

该丛书的出版将对当前我国生态文明建设有关体制改革政策落实、学科理论探索、技术方法建立和管理应用实践具有重要意义。政策层面：该丛书内容开展了生态资源、自然资源资产、绿色 GDP、城市 GEP 等研究，符合我国生态文明建设的政策要求，这些工作是深入贯彻落实我国生态文明建设精神的区域重要实践。理论层面：该丛书系统性地提出了自然资源资产负债表、城市 GEP 的概念和理论框架，搭建了相应的核算指标体系和核算管理平台及可视化系统，建立了自然资源资产审计制度，丰富和完善了我国生态资源理论的不足。技术层面：该丛书在探索研究基础上提出了自然资源资产核算技术、自然资源资产信息化管理技术、城市 GEP 核算技术、绿色 GDP 核算技术等系列技术方法，为自然资源资产化、资产资本化提供了技术手段；应用层面：相关成果可应用于各级政府对自然资源资产调查登记、监测预警、评估考核、离任审计、赔偿追责和生态文明建设等方面的有效管理。

该丛书的研究内容多为我国近年来生态文明建设中遇到的问题，希望编写组在今后的研究与实践中能继续丰富和完善有关理论、方法探讨和实践，为我国生态文明建设提供更好的技术支持和示范借鉴作用。

中国工程院　院士
国际欧亚科学院　院士　金鉴明
2016 年 12 月 25 日

前　言

随着区域可持续发展研究的不断深入，人们逐渐意识到维持与保育生态系统功能是实现可持续发展的基础。特别是在生态文明建设被提升到全新高度的当下，片面追求经济快速增长已不再可行。城市生态系统的可持续性已成为城市管理和可持续发展的新目标，每个城市不得不考虑它的可持续发展前景，选择其最佳发展路径。

党的十八大报告提出，"要把资源消耗、环境损害、生态效益纳入经济社会发展评价体系，建立体现生态文明要求的目标体系、考核办法、奖惩机制"。党的十八届三中全会公布的《中共中央关于全面深化改革若干重大问题的决定》也明确指出，"完善发展成果考核评价体系，纠正单纯以经济增长速度评定政绩的偏向"，对限制开发区域和生态脆弱区取消地区生产总值考核。

根据生态文明建设的极端重要性和紧迫性条件，充分考虑生态系统的组成、功能、格局和过程，以及人类在城市发展和文明推进中的重要作用，在现有的国内生产总值（gross domestic product，GDP）统计核算与考核体系下，从生态的维度提出一套统计核算与考核体系势在必行。

生态系统生产总值（gross ecosystem product，GEP）是指生态系统的生产和服务总和，是生态系统为人类福祉提供的产品和服务的经济价值总量。通过对生态系统生产总值进行核算，将生态系统无偿提供的各类功能价值化，有助于政府执政思路的深刻转变，有利于公众直观地认识生态价值，在全社会形成保护也是发展，保护也是生产力和竞争力的共识，为城市的生态文明建设和可持续发展提供决策支持。

本书的编写旨在基于城市生态系统的特征，提出一套科学的、完整的城市 GEP 核算技术，探索城市 GEP 研究成果的实践应用，为城市生态价值量化和城市生态建设管理提供思路与借鉴。全书分为两部分，共 12 章。第 1 部分为城市 GEP 核算体系研究，主要介绍了城市 GEP 的概念来源和研究意义、国内外相关研究进展、城市 GEP 框架体系和指标核算方法、以盐田区为例进行的城市 GEP 核算过程与结果、城市 GEP 模块化设计等内容。第 2 部分为城市 GEP 实践应用探索，结合盐田区政府管理工作现状，融合绿色发展、低碳发展要求，提出将 GEP 内容纳入区域规划、政府决策、项目评价和政绩考核的思路，研究构建以实现城市 GEP 长期稳定运行为目标的长效运行机制，为创新城市生态系统管理理念和优化城市生态管理模式提供技术支撑。

由于国内外对于生态系统服务价值量化、生态系统生产总值核算尚未形成统一、规范的体系方法，本书在研究内容、模型构建、指标选择、参数设计等方面难免存在不足之处。恳切地希望广大读者能多加批评指正，鞭策编写团队在后续研究中更改完善。

编　者

2018 年 2 月

目 录

第 1 部分　城市 GEP 核算体系研究

第 2 部分 城市 GEP 在政府管理中的应用

第 1 部分

城市 GEP 核算体系研究

绪　论

1.1　研究背景

  城市生态系统是由自然、经济、社会等各方面要素所组成的复合生态系统，提供了食物、医药及其他工农业生产原料，同时维持着地球表面的生态平衡，其生产过程所提供的产品和服务不仅为人类提供了生活与生产所必需的物质基础，还为人类的进步和发展提供了优质的条件，是人类赖以生存的基本前提。然而，长久以来，生态系统生产和服务功能的持续存在被人类错误地认为是理所当然的，价值被严重低估，在市场经济条件下，人们往往只注重自然资源的直接消费价值或市场价值，而忽略了生态系统的生态效益及其价值。"无法估量"的生态资源环境价值取向，导致了自然资源的不合理开发利用、生态破坏及环境污染，随着人口的增加、经济的增长和城市化的进一步发展，城市生态问题日益突出，进而威胁人们的安全与健康，危及社会经济的发展。问题的解决很大程度上取决于人类对生态环境价值的正确认识。

  随着区域可持续发展研究的不断深入，人们逐渐意识到维持与保育生态系统功能是实现可持续发展的基础，特别是在生态文明建设被提升到全新高度的当下。城市生态系统的可持续性已成为城市管理和可持续发展的新目标，每个城市不得不考虑它的可持续发展前景，选择其最佳发展路径。从经济、社会与生态环境的可持续发展出发，对生态系统效益的价值研究与评价变得日益重要，利用经济杠杆来协调人类与生态环境的关系可以成为促进人类可持续发展的重要手段。研究并建立一个独立的核算一个国家或地区的生态系统为人类提供的产品和服务的方法与体系，是当前社会各界广泛关注的议题。

  生态系统生产总值（gross ecosystem product，GEP）是指生态系统的生产和服务总和，是生态系统为人类福祉提供的产品和服务的经济价值总量。这个概念是由中国科学院生态环境研究中心欧阳志云和世界自然保护联盟（International Union for Conservation of Nature，IUCN）[①]驻华代表朱春全于 2012 年借鉴 GDP 概念提出的，旨在建立一套与国内生产总值（GDP）相对应的、能够衡量生态良好的统计与核算体系。对生态系统的生产总值进行核算，其主要目的是以货币价值的形式将无价的生态系统各类功能"有价化"，能让人们更直观清楚地认识到生态系统每年为我们提供产品和服务的总价值，提高人们对生态环境保护的关注度，也从市场角度说明生态环境保护的必要性和效益，有利于政府可持续发展

---

  ① 世界自然保护联盟，英文简称为 IUCN，于 1948 年 10 月在法国枫丹白露（Fontainebleau，France）成立，总部位于瑞士格朗（Gland，Switzerland），是目前世界上最久也是最大的全球性环保组织。IUCN 是由 200 多个国家和政府机构会员、1000 多个非政府组织会员与来自 181 个国家超过 11 000 名科学委员会会员及分布在 50 多个国家的 1000 多名秘书处员工组成的独特的世界性联盟。IUCN 在自然保护的传统领域处于领先地位，协助起草了许多国际公约及国内环境立法框架，包括《世界自然保护联盟濒危物种红色名录》在内的很多成果拥有重要影响力。1999 年被联合国大会全体会议授予联合国永久观察员地位

决策。

国际上一些国家和地区已经或正在开展生态系统核算评价方面的研究工作，但之前的研究多是从生态系统服务功能价值的角度研究，鲜少把生态系统生产总值作为一个独立的核算指标明确提出来。目前我国仍未形成一套完整的 GEP 核算体系，需要更多的探索研究和实践。因此，我们在生态系统服务评价研究成果的基础上开展本研究，结合当前城市生态系统的特征，探索建立城市 GEP 核算体系，明确 GEP 核算方法，并开展 GEP 核算实践应用，以期为建立体现生态系统对人类福祉的贡献、生态系统保护成效与效益的评价机制提供参考，为区域生态文明建设和可持续发展提供决策支持。

1.2 研究目的与意义

1.2.1 研究目的

本研究的目的是以城市生态系统理论和可持续发展思想为指导，在总结和分析国内外生态系统服务价值研究的基础上，构建符合城市特点的城市 GEP 核算体系，明确核算因子和核算方法，为逐步将 GEP 纳入政绩考核体系和生态文明考核体系提供技术支撑。研究成果有助于完善发展成果考核评价体系，有助于政府执政思路的深刻转变，有利于公众直观认识生态价值，在全社会形成保护也是发展，保护也是生产力和竞争力的共识，为我国生态文明制度建设提供参考借鉴。

1.2.2 研究意义

城市生态系统生产总值的研究对区域生态文明建设、社会经济的持续发展有着重要的意义。

1) 是生态文明体制机制创新的体现。GEP 能展现人类活动对自然的影响，体现生态系统产品的生产和服务功能，可以量化评估生态系统价值和绿色发展水平。探索建立城市 GEP 核算体系，是贯彻落实十八大和十八届三中、四中全会生态文明精神的具体实践，是生态文明体制机制创新的切实体现。GEP 核算使生态文明建设和"五位一体"发展有了可量化标尺，对于完善生态文明制度建设，从制度上约束政府行为、保障生态文明建设具有重要的实质性的推进意义。

2) 为政府可持续发展综合决策提供依据。当前，环境与发展综合决策机制不完善，在实践中存在重经济轻环保的现象，许多地方以牺牲资源环境为代价来发展经济，经济发展方式粗放，环境与发展是"两张皮"，环保部门与经济部门相互合作及制约机制不强。环境政策的设计、执行和实施不能有效纳入社会经济发展的决策过程中。生态系统价值核算是区域环境管理科学化的基础，可以为区域生态恢复工程的效益成本核算和开发建设工程的经济损益分析提供必要的技术支撑，为区域环境管理和决策提供依据。GEP 的增长、稳定或降低反映了生态系统对人类社会发展支撑作用的变化趋势，因此 GEP 核算还可以用来评估一个地区或国家生态保护的成效。监控经济社会发展过程中城市 GEP 的变化，能够在 GDP 快速增加的同时，使 GEP 保持稳定或者有所提升，是保证政府不以破坏环境为代价发展经济，使政府决策不偏离可持续发展道路的重要手段。

3）有助于完善发展成果考核评价体系，引导政府改变"唯 GDP"政绩观。在当前的政绩考核体系中，经济发展指标所占比重过大，许多部门和地方政府以 GDP 为主导的发展观仍然没有从根本上改变。不少地方为抓"政绩"，片面追求 GDP 增长率，导致经济发展方式粗放，资源消耗率高、利用率低，造成严重的环境污染问题。在"唯 GDP"的指挥棒下，这种重经济发展轻环境保护的发展观已经严重阻碍了资源节约、环境友好和生态建设工作的开展。城市 GEP 的核算可以丰富和完善发展成果考核评价体系，引导政府在政绩考核中加大对于生态环保的考核，推进"唯 GDP"政绩观的转变。

4）有利于探索建立城市 GEP 核算理论与方法。以往的探索多是从生态系统服务价值的角度开展，国内仅有的几个 GEP 核算案例多是在一些经济相对落后、城市化水平相对不高的地区开展的，关注的是自然生态系统服务功能的核算。然而，城市生态系统作为一个协同共生的复合生态系统，人的影响不可忽视，本研究基于城市生态系统的特点，既考虑了自然生态的价值，也核算了人为努力改善环境质量的价值，是对 GEP 核算理论和方法的创新，丰富了 GEP 核算和生态效益价值核算成果，可为经济发达的城市化地区的 GEP 核算提供有益的借鉴。

5）进一步提高人们的生态环保意识。价值取向引导人们的行为。人们对生态环境的价值观就是人们的一种意识形态。环境问题的根本原因在于人们对生态价值的认知偏差，长期以来"商品高价、资源低价、环境无价"的认识导致自然资源不合理的开发利用，使得资源匮乏、环境污染、生态退化。主要原因就是没有全面了解生态环境的价值，以及这种价值的大小及其与自身利益的关系。生态系统生产总值核算研究可以使人们更加直观地全面认识生态环境资源的价值，从而增强生态环保意识，在全社会形成保护也是发展，保护也是生产力和竞争力的共识。

1.3 研究内容和创新点

1.3.1 主要研究内容

本研究立足城市生态学、生态经济学等城市生态经济效益理论，对国内外生态系统服务功能价值评估、综合环境经济核算等研究的发展历程、技术方法、存在问题进行深入探讨，在前人相关研究的基础上率先提出城市 GEP 理论，从生态维度构建了全新的、可操作的城市 GEP 价值核算体系框架，明确了核算指标与核算方法，以深圳市盐田区为试点开展了城市 GEP 核算工作，并探索城市 GEP 研究成果在政府决策管理中的应用，建立城市 GEP 长效运行机制，将城市 GEP 提升成为与 GDP 同等重要的指挥棒，全面推进经济社会和生态环境的协调发展。本书内容主要包括城市 GEP 核算体系研究和城市 GEP 在政府管理中的应用两大部分。

城市 GEP 核算体系研究内容包括：①国内外相关研究进展；②城市 GEP 概念的界定和框架体系的构建；③盐田区城市 GEP 核算体系；④盐田区城市 GEP 核算与结果分析；⑤城市 GEP 模块化研究与核算模型设计。

城市 GEP 在政府管理中的应用内容包括：①规划先行，将城市 GEP 纳入区域发展规划；②加强顶层设计，将 GEP 纳入党委政府（简称党政）决策；③严格项目准入，将 GEP 纳入项目影响评价；④以考促进，将 GEP 纳入政绩考核；⑤建立城市 GEP 长效运行机制。

1.3.2 创新点

（1）理论创新

借鉴国内外生态系统价值研究经验，立足城市生态系统特点，率先提出了城市 GEP 概念，在自然生态系统价值的基础上，加入城市建设和城市管理所带来的生态效益部分，将城市中人对生态环境维持和改善所做的贡献凸显出来。通过对城市 GEP 的研究，认识和了解自然生态系统为人类社会经济提供服务的价值量，以及人类为维持良好的生态环境，通过污染治理和生态建设等各种形式带来的生态经济效益，有助于加深对生态保护也是生产力的认识。

（2）技术方法创新

首次建立了城市 GEP 核算体系，探索创新了城市 GEP 核算技术和方法，将单纯的自然生态系统生产总值的测算推广到自然生态系统服务功能与城市环境建设和管理相结合的城市生态系统生产总值综合测算，不仅对城市中自然生态为人类福祉做出贡献的部分进行了核算，还加入了人为参与改造的人居环境生态系统的效益部分，实现了对城市生态系统产品和服务价值的定量评估。

（3）管理应用创新

城市 GEP 相关内容被应用于生态保护、城市管理等领域，建立了 GEP 与 GDP 双核算、双运行、双提升工作机制，探讨将 GEP 纳入规划、决策、项目和考核的路径，编制城市 GEP 核算地方标准，构建城市 GEP 核算管理系统，切实推进 GDP 与 GEP 双轨运行。

国内外相关研究进展

2.1　城市生态经济效益理论基础

城市生态经济效益是指在人类社会经济活动中所产生的生态效益和经济效益的综合与统一。城市生态经济效益理论是 GEP 核算的理论基础，通过对城市生态学和生态经济学的内涵与发展进行深入探讨，为自然资源及城市生态环境的"资产量化"提供理论依据。

2.1.1　城市生态学

城市是人类的重要居住环境，良好的城市生态环境是人类生存繁衍和社会经济发展的基础。城市的生态环境质量直接影响着城市的可持续发展、经济的可持续发展和社会进步及现代化建设（黄春华和马爱花，2009）。因此，城市的生态环境建设在维护整个生态平衡中具有特殊的地位和作用。

生态学（ecology）一词是德国生物学家 Haeckel 于 1866 年在《有机体普通形态学》一书中首次提出的（郑度，1988）。生态学是研究人类、生物与环境之间复杂关系的科学。1935 年英国生物学家 Tinsley 首次使用"生态系统"（ecosystem）一词。他认为，生态学不应该仅研究生物与环境的关系或环境对生物的影响，还应该研究生物群落与非生物环境所构成的整体，这个整体就叫生态系统（鲁敏等，2002a）。

随着生态学研究的发展，为了区别于以往的生态学，专家把近 20 年研究的生态学称为"现代生态学"，现代生态学的突出特点就是研究整个生态系统，而不再是分散或单一地研究有关生态的个别环节。1942 年，美国生物学家 Raymond Lindeman 发表了研究生态系统的能量流动和物质循环的论文，指出将生态系统作为一个整体进行研究。1953 年，美国著名生态学家 Odum 发表了《生态学基础》一书，建立了较完整的生态理论体系。他建议，把"生态系统"的概念从生物界推广到人类社会，他将生态系定义为包括特定地段中全部生物和物理环境相互作用的任何统一体，并将现代生态学定义为"生态学是研究生态系统的结构和功能的科学"（鲁敏等，2002b）。

城市生态系统是一个以人类生活和生产为中心，由居民和城市环境组成的自然、社会、经济复合生态系统。在这个生态系统中，人工生态环境组成成分，通过生命代谢作用、投入产出链、生产消费链进行物质交换、能量流动、信息传递而发生相互作用，互相制约，构成具有一定结构和功能的有机联系的整体（邱桔，2006）。

尽管城市生态学（urban ecology）在生态学领域的各个分支中比较年轻，但城市生态学的思想自城市问题一出现就存在（朱艳芳，2011）。真正地运用生态学的原理和方法对城市环境问题进行深入研究是 20 世纪以后的事情。20 世纪初，国外一批科学家将自然生态学中的某些基本原理运用于城市问题的研究中，即对人与城市环境的关系展开研究。至 1945 年，芝加哥人类生态学派以城市为研究对象，研究城市的集聚、分散、入侵、分隔及演替过程与城市的竞争、共生现象、空间分布、社会结构和调控机理，将城市视为一个有机体，一个复杂的人类社会关系，认为它是人与自然、人与人相互作用的产物，倡导创建了城市生态学。1971 年联合国教育、科学及文化组织（联合国教科文组织，United Nations Educational，Scientific and Cultural Organization，UNESCO）制定了"人与生物圈计划"（Man and the Biosphere Programme，MAB）研究，把对人类聚居地的生态环境研究列为重点项目之一，开展了城市与人类生态研究课题，提出用人类生态学的理论和观点研究城市环境问题（彭海昀，1990）。

进入 20 世纪 80 年代，城市生态学研究更是异军突起。1980 年，第二届欧洲生态学术讨论会以城市生态系统作为会议的中心议题，从理论、方法、实践、应用等方面进行探索。此后各类城市生态学研究工作蓬勃开展，各种相关出版物、论文集和国际学术会议如雨后春笋，不断涌现。1992 年 6 月 3 ~ 14 日，联合国在巴西里约热内卢召开了具有划时代意义的"人类环境与发展大会"。这次会议将环境问题定格为 21 世纪人类面临的巨大挑战，并就实施可持续发展战略达成一致。其中人类居住区及城市的可持续发展，给城市生态环境问题研究注入了新的血液，成为当代城市生态环境问题研究的重要动向和热点（张理茜等，2010）。1997 年在德国莱比锡召开了国际城市生态学术讨论会，内容涉及了城市生态环境的各个方面，但研究的目标都逐渐集中在城市可持续发展的生态学基础上（马交国和杨永春，2004），城市生态学和城市生态环境学已成为城市可持续发展及制定 21 世纪议程的科学基础。

20 世纪 60 年代，我国环境科学尚处于萌芽状态，20 世纪 70 年代初，我国参加了联合国教科文组织拟订的"人与生物圈计划"研究。1978 年城市生态环境问题研究被正式列入我国科技长远发展计划，许多学科开始从不同领域研究城市生态环境，对城市生态学研究在理论方面进行了有益的探索（张理茜等，2010）。

20 世纪 80 年代以来，我国科学工作者在理论和实践中提出了不少有开创性的理论和方法。1981 年，我国著名生态学家马世骏教授结合我国实际情况，提出以人类与环境关系为主导的社会 - 经济 - 自然复合生态系统思想（张理茜等，2010）。其在近 20 年来已经渗透到各种规划和决策中，对城市生态环境研究起到了极大的推动作用。王如松（1988）进一步在城市生态学领域发展了这种思想，明确提出城市是一个以人类行为为主导、以自然生态系统为依托、由生态过程所驱动的社会 - 经济 - 自然复合生态系统，提出城市生态系统的自然、社会、经济结构与生产、生活还原功能的结构体系，用生态系统优化原理、控制论方法和泛目标规划方法研究城市生态。从自然生态系统到城市复合生态系统的提出，标志着城市生态学理论的新突破，也是生态学发展史上的一次新综合，为城市生态环境问题的研究奠定了理论和方法基础。1987年10月在北京召开了"城市及城郊生态研究及其在城市规划、发展中的应用"国际学术讨论会，它标志着我国城市生态学研究已进入蓬勃发展时期（张凡，2008）。

综上所述，城市生态学理论上的一个重要突破是将生态系统的概念引入城市的研究中，并且正在逐步形成自己的理论体系，城市生态学作为现代生态学的分支学科，已逐步得到承认并不断发展。也就是说，城市生态学是以生态学的概念、理论和方法研究城市生态系统的结构、功能与行为的生态学分支学科。

2.1.2　生态经济学

生态环境和经济发展之间的关系在近半个世纪以来越来越被人们所关注，人类对于环境与经济发展的关系的认识，是随着问题的出现和科学的发展而不断变化的。

早期活动产生的生态影响很小甚至是可以忽略的，生态资源的消耗及废弃物的排放保持在生态系统的净化和承载力之内（Daly and Herman，1991）。随着环境问题在全球范围内日益突出，以及很多不可预见的环境事件的出现，生态环境作为发展的限制因子如何作用于人类的经济行为越来越得到重视（尤飞和王传胜，2003）。

很明显，传统的经济学和生态学已经很难解释这些生态环境问题，这就促使越来越多的经济学家、生态学家和其他一些关心这些问题的学者开始重新审视传统的发展模式，并试图寻找生态与经济协调发展的新出路，生态经济学正是在这种背景下应运而生的。因此，生态经济学的产生是生产力发展到一定阶段的产物，是社会发展实践中生态与经济矛盾运动推动的结果。

生态经济学突出强调的是保持生态系统的完整性、容纳性和服务性，尽管仍旧是以人类利益为出发点，但贯彻着以生物为中心的原则，研究重点转向了人类长时间的生存和福利条件。也就是说，生态经济在伦理观上把生态系统作为自然资本的价值和固有的存在价值结合了起来（尤飞和王传胜，2003）。

从生态经济学产生与发展的历程来看，国外生态经济学的研究大体可划分为3个阶段。

第一阶段是酝酿和产生阶段（19世纪中期至20世纪70年代）。1935年，英国生物学家A. G. Tansley提出了生态系统的概念，为后来生态经济学的产生奠定了自然科学方面的理论基础。正是由于生态系统思想的产生，人们才有可能把生态系统与经济系统作为一个整体来加以考虑（严茂超，2001）。传统的生态学只研究生物与环境的关系，而不考虑人类活动的社会经济问题。经济学的发展和人类活动对自然环境影响的不断加深，促使生态学的研究领域和研究重点逐渐向人类社会经济活动领域扩展，从主要研究自然生态系统过渡到主要研究人类生态系统（舒惠国，2001）。20 世纪 20 年代中期，美国科学家 Mekenzie 首次把生态学的概念运用到对人类群落和社会的研究上，主张经济分析必须要考虑生态过程（梁洁和张孝德，2014）。60 年代中期，美国经济学家 Kenneth Boulding 发表了《宇宙飞船经济观》，引起了世界的巨大轰动，60 年代后期，他正式提出了生态经济学的概念（曾绍伦等，2009）。

　　第二阶段是大辩论阶段（1970～1987 年）。这一阶段最显著的特征就是涌现出大批关于全球资源、环境与发展方面的论著，而且引起了全球范围内的大辩论。在这场大辩论中，西方的经济学家、社会学家、环境学家和生态学家都广泛参与进来，对人类与自然，以及世界和人类社会的未来作出了各种论述与预测（严茂超，2001）。

　　第三阶段是理论及研究方法的形成和发展阶段（20 世纪中后期至今）。1988 年国际生态经济学会（International Society for Ecological Economics，ISEE）的成立，以及第二年 *Ecological Economics* 刊物的出版发行，成为生态经济学研究的重要里程碑（周立华，2004）。美国著名生态经济学家 Costanza 在 *Ecological Economics* 创刊的首篇文章中给出了生态经济学的概念及其需要研究的生态经济问题。他对生态经济学的定义为：生态经济学是研究生态系统和经济系统之间的关系，特别是利用跨学科和多学科的方法研究当前的生态经济问题的一门科学（Costanza and King，1999）。其后，Odum 在以往能量价值学说的基础上，提出了能值价值理论及生态经济系统分析方法——能值分析。Odum（1996）的能值理论及能值分析方法为生态经济学这一阶段的研究提供了很重要的理论基础和研究方法。

　　20 世纪末，联合国统计署（United Nations Statistics Division，UNSD）建立了一个新型的国民经济核算体系——综合环境经济核算体系（system of integrated environmental and economic accounting，SEEA），在传统的经济核算上加入了环境的因素。1997 年，Costanza 等在国际著名杂志 *Nature* 上发表了生态系统服务价值评估指标体系，对全球的生态系统服务价值进行了定量计算（王艳艳等，2005）。这一举动引起了全球范围内的巨大轰动，也掀起了国际生态经济学研究领域对生态系统服务价值研究的热潮，从而为生态经济系统的研究开辟了一个新的研究领域和研究方法。

　　我国生态经济学的提出和建立始于 1980 年，比美国最先提出的生态经济学概念晚了 10 多年。1980 年，我国经济学家许涤新首先提出了进行生态经济研究和建立生态经济学科的建议。随后，以许涤新为代表的经济学家和以马世骏为代表的生态学家进行了第一次社会科学和自然科学的交流，主要讨论了生态经济学的建立问题（王松霈，2003）。

20世纪80年代后期到90年代初期是生态经济协调理论完善和深化，形成社会经济与自然生态协调发展的新原理的时期。1988年，在长沙召开的第三次全国生态经济学科学讨论会上，提出了增强全民族的生态经济意识，树立生态经济协调发展的理念。1991年，在北京召开的全国十年生态与环境经济理论回顾与发展研讨会上，进一步强调了加强生态经济学研究，促进经济、生态、社会协调发展的重要意义。至1996年，由世界野生动物基金会赞助，开始出版《生态经济》杂志英文版，推动中国生态经济学研究走向国际舞台（周立华，2004）。

综上所述，国外生态经济学研究比较重视全球性问题和研究方法的探索，而我国生态经济学的研究比较重视学科理论体系的建设。尽管国内外在生态经济学的研究上各有侧重点，但最终目的是基本一致的，就是希望在生态经济理论的指导下，转变发展方式、调整产业结构，推进循环经济和生态技术创新，实现经济社会和生态的可持续发展。

2.2 国内外生态系统服务相关研究

2.2.1 相关研究进展

生态系统是生物圈的基本组织单元。它不仅提供了人类生存所必需的各种物质，同时在维持生命和支持整个地球环境的平衡发展方面起到了不可替代的作用。但是在相当长的一段时间里，人们并未注重生态环境与社会发展之间的关系，而是错误地认为所有的自然资源都是取之不尽、用之不竭的。然而，随着城市的持续扩张、人口的急剧增加、资源的过度消耗和环境污染的日益严重，生态系统原有的平衡遭到人为破坏，使得全球性和区域性的环境问题日趋显现，生态系统产生的产品量急剧减少，生态系统服务功能也出现衰退现象（李文华等，2009）。由于自然资源的稀缺性和有限性，通过开发未被利用的资源来满足人类对生态系统产品和服务的需求已经变得越来越不现实，人们不得不重新审视自身与生态系统的关系。在这种大背景下，深入研究生态系统的功能已成为当今生态环境学的研究热点之一，只有对生态系统实施有效的管理才能确保生态系统能够持续地提供产品和服务。

早在19世纪中后期，在国外就已有生态学方面的学者开始对生态系统展开系统的研究。但是由于当时科技水平和科技手段的限制，研究只停留在定性描述的阶段（李文华等，2009）。

直到 20 世纪 60 年代，生态系统服务概念第一次被使用，预示着对生态系统的研究进入了一个全新的、有着较完整的研究体系的新阶段。20 世纪 70 年代初，SCEP（Study of Critical Environmental Problems）提出了生态系统的服务功能，并列出了自然生态系统的"环境服务功能"（SCEP，1970）。随后 Ehrlich 等（1977）又提出了"全球生态系统公共服务功能"的概念，后来逐渐演化出"自然服务功能"，最后由 Ehrlich 和 Ehrlich（1981）将其确定为"生态系统服务"（谢高地等，2006）。Costanza 和 Odum 基于能量的分析研究可以说是早期对生态价值评估较有影响的研究案例，*Ecological Economics* 于 1995 年出版专辑对此予以讨论（张志强等，2001）。1997 年 Costanza 等综合了国际上已经出版的用各种不同方法对生态系统服务价值的评估研究结果，在世界上最先开展了对全球生物圈生态系统服务价值的估算（Costanza et al.，1997；胡海胜，2007；赵军和杨凯，2007），其研究成果"全球生态系统服务价值和自然资本"在 *Nature* 杂志上发表，进一步明确了生态系统服务是对人类生存和生活质量有贡献的生态系统产品与生态系统功能。其结果表明，当时全球生态系统服务的年度价值为 16 万亿～ 54 万亿美元，平均价值为 33 万亿美元，相当于同期全世界国民生产总值（gross national product，GNP）约 18 万亿美元的 1.8 倍。其中，海洋生态系统服务价值约占 63%（20.9 万亿美元），陆地生态系统服务价值约占 38%（陈东景，2006；靳芳等，2005；陈尚等，2006）。该研究成果的发表在国际上引起了广泛关注，*Ecological Economics* 1998 年出版的"生态系统服务的价值"专辑对这方面的研究予以讨论，由此掀起了对生态系统服务价值研究的热潮（虞依娜和彭少麟，2010；宗文君等，2006）。

20 世纪 90 年代以后，欧阳志云等（1999）、谢高地等（2001）诸多学者详细研究了生态系统服务的内涵和价值评估方法，并系统地分析了生态系统服务的研究进展与发展趋势。此后，学术界在生态系统服务价值评估方面陆续做了一些有益的尝试，对于自然生态系统服务价值的估算逐渐形成了一套较为成熟的方法体系。

国际上具有开创性和重大影响的生态系统服务评估案例以联合国组织的千年生态系统评估（millennium ecosystem assessment，MA）参与范围最广泛、影响最大。受到全球生物多样性评估（global biodiversity assessment）项目和政府间气候变化专门委员会（Intergovernmental Panel on Climate Change，IPCC）的影响，为了帮助社区、商界、各国政府和国际机构更好地管理地球生态系统，联合国于 2001 年启动了千年生态系统评估项目，历时 5 年，首次在全球范围内对生态系统服务及其与人类福祉之间的相互联系进行了多尺度综合评估（周杨明等，2008）。MA 建立了一个可以对全球生态系统进行多尺度评估的概念性框架，其评估的生态系统服务主要包括：供给服务（如食物、水）、调节服务（如调节气候、水、疾病等）、文化服务（如精神、美学）、支持服务（如初级生产力、土壤形成

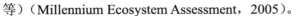

等）（Millennium Ecosystem Assessment，2005）。

从 20 世纪 70 年代开始，国际上开始了综合环境经济核算体系（SEEA）的研究。SEEA 是国民经济核算体系（System of National Accounts，SNA）的卫星账户体系，是可持续发展经济思路下的产物，主要用于在考虑环境因素的条件下实施国民经济核算。1993 年联合国统计署（UNSD）发布了《综合环境经济核算体系（SEEA-1993）》初稿，首次建立了与 SNA 一致的环境资源存量和资本流量的框架。在 2003 年和 2012 年，又相继出版了 SEEA-2003 和 SEEA-2012（李茂，2005；周龙，2010；管鹤卿等，2016）。2012 年 2 月，联合国统计委员会批准了"综合环境经济核算体系（SEEA）核心框架"，期望世界各国将来如同采纳国民经济核算体系一样执行"综合环境经济核算体系核心框架"。2013 年 UNSD又进一步采纳了"环境经济核算体系试验性生态系统核算"（金宏伟和柏连玉，2016）。

SEEA 中有一个重要的指标，即经环境调整的绿色国内生产总值（environmentally domestic product，EDP），也就是我们所说的绿色 GDP。1994 年，联合国统计署在出版的《综合环境经济核算体系（SEEA-1993）》中首次正式提出了绿色 GDP 的概念：在原有 GDP 核算的基础上考虑资源与环境因素，对 GDP 指标作某些计算调整而产生的一个新的总量指标（张志强等，2001）。2011 年联合国环境规划署组织召开了关于 SEEA 中建立生态系统账户的 3 次关键性会议，以启动全球财富核算和生态系统服务估值，在环境经济核算体系中拟定生态系统账户，为生态系统账户提供概念框架，2012 年正式纳入环境经济核算框架，对生态系统账户采用的系统方法提供具有一致性和连贯性的描述（李金华，2015），环境经济核算制度试验性生态系统账户获得了广泛共识，受到了学术界的重视。

近年来，国内绿色 GDP 的研究也取得了积极的进展，在介绍引进国外的概念和理论方法的基础上，进行了大量理论方面的探讨和实践工作。在绿色 GDP 核算理论方面，李健和陈力洁（2005）介绍了绿色 GDP 理论的形成与发展，并对中国绿色 GDP 的核算对策和措施进行了探讨。王金南等（2005）分析了绿色 GDP 研究和实践的障碍，阐述了构建绿色 GDP 核算体系的原则。陈梦根（2005）在介绍绿色 GDP 理论基础的同时，提出了绿色 GDP 的两种计算思路。然而，绿色 GDP 的研究一般集中在资源耗减价值与环境污染价值的简化计算方面，其对生态环境的一些重要的非市场价值评估仍属空白。

不难看出，生态系统服务功能研究已逐渐发展为生态学、生态经济学、资源经济学的交叉前沿课题。国内外学者进行了生态系统服务功能的内涵与价值分类等理论的探讨，比较了不同的价值评估方法，研究了国家、省区、流域等不同类型区域的生态系统服务功能，并评估了单个生态系统服务功能，如森林、湿地、草地等不同类型生态系统服务功能。生态系统服务功能的评价模型经历了从静态估算向动态评估转变；研究内容由单项生态系统服务功能价值评估转变为时空动态变化评估；研究手段由传统技术逐步转变为传统与地理信息系统（geographic information system，GIS）、遥感（remote sensing，RS）、全球定位系统（global positioning system，GPS）（三者合称"3S"技术）相结合的方式。丰富的生态服务价值评估研究实践，不仅有力地推动了国际生态系统服务研究的发展，而且为我国区域生态建设与环境保护绩效评价工作提供了依据。

2.2.2　存在的问题

（1）生态系统服务功能测算缺乏可靠的研究基础

生态系统的服务功能与生态系统的结构和过程有关，依赖于具体的生态系统，而且受不同区域的地理、生态、气候等条件的影响。然而目前的生态系统服务研究大多数建立在相对不完全的具体生态系统研究的基础上，没有对生态系统的结构、生态过程与服务功能的关系进行深入分析，而且多数地区缺乏必要的生态监测数据以支持生态系统服务功能及其变化的评价，这使得当前的生态系统服务功能及其价值评价缺乏可靠的生态学基础。

（2）评估指标选取的任意性

不同类型的生态系统服务之间存在相互依赖性，将其硬性分成互不联系的指标十分困难，而且生态系统服务功能与价值之间并非全部一一对应，因此在生态系统服务的研究实践中对于评估指标的选择有时会有一定的主观性。

（3）服务功能赋值标准的机械套用

由于基础研究的缺乏，计算中常将统一的标准机械地应用在自然和社会条件相差很大的区域，或将国外的评价指标和单位价值量直接应用于国内生态系统服务的价值评估中。考虑到国内外社会经济状况的巨大差距，以及对生态系统服务功能认识的差异，国外评价标准在我国的适用性存在质疑。

（4）价值评估方法的不一致性与重复计算

尽管已开展大量生态系统服务价值评估研究，但是由于不同研究者对生态系统服务功能的理解不同，对于同一种生态服务功能采用不同的评价方法，评价结果差异很大；而且有些服务功能，如土壤形成、初级生产力、营养循环、水循环等，不能直接被人类利用，但是能够对其他服务功能产生间接影响，因此，如果评价中考虑了这些间接影响，那么也应考虑是否会导致重复计算的问题。

（5）非市场部分价值的不确定性

绝大多数生态系统服务具有公共物品的特性，难以通过市场价格反映其真实价值，从而导致以市场价格为基础的价值评估结果不能真实地反映人们的支付意愿。由于多数生态系统服务功能，如污染净化、水土保持、洪水控制、传粉等，不能直接进行市场交易，加上市场不完备和信息不对称，非市场部分的生态

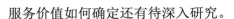

服务价值如何确定还有待深入研究。

（6）城市生态系统服务功能的研究薄弱

目前开展的研究，多以自然生态系统作为研究对象，鲜有涉及日益成为人类活动主要载体的城市生态系统。直至 20 世纪 90 年代末，人们才开始对城市生态系统服务功能及其价值评估给予关注。例如，宗跃光等（1999）分析了城市生态系统服务功能的价值结构；彭建等（2005）、徐俏等（2003）分别以深圳市和广州市为案例评估了城市生态系统服务功能价值（表 1-2-1）。但在这种将自然生态系统服务功能价值评估方法引入城市生态系统的过程中，大多直接引用原有方法和公式，而未深入考虑两种生态系统由结构、功能等特征差异而引起的服务功能及价值的相应差异。

表 1-2-1　城市生态系统服务功能类型

研究者	年份	案例	城市生态系统服务功能分类
宗跃光等	1999	某市	水土保持、水循环、污染净化、土壤形成、小气候调节和生物调控，产业发展，提供旅游、居住、就业、文教、行政、医疗等服务
徐俏等	2003	广州市	提供林产品、种植业生产、涵养水源、土壤保育、固碳释氧、净化空气
宋治清和王仰麟	2004	深圳市	借鉴 Costanza 分类方法，强调空气净化、调节小气候、噪声削减、雨水排泄和水土保持、污水处理、游憩与文化等功能
彭建等	2005	深圳市	生产与生活物质的提供，生命支持系统的维持（调节气候、固碳释氧、保持土壤、涵养水源、净化环境、减弱噪声），精神生活的享受

2.3　生态系统价值计量方法

生态系统价值是指将生态系统功能价值货币化，是进行环境资产或自然资产的价值评估，计算环境污染、资源耗竭和生态破坏造成的损失，分析防治环境污染、资源耗竭和生态破坏措施的费用与效益，实施建设项目环境影响评价（environmental impact assessment，EIA，简称环评）的环境经济分析等的前提条件和基础工作。由于影响生态系统价值的因素有许多难以确定，因此生态系统价值的计量目前还无法做到十分精确。根据生态经济学、环境经济学和资源经济学的研究成果，生态系统价值计量的基本方法主要分为四类：直接市场法、替代市场法、或有估计法和成果参照法。

2.3.1　直接市场法

直接市场法就是直接利用现实市场上产品的交易价格对可以观察和度量的环境资源变动进行测算，它将生态环境资源看成是一个生产要素，并根据生产率的变动情况来评价生态环境资源的变动（匡永利，2008）。常用的包括以下几种方法。

1）剂量 - 反应方法是通过一定的手段评估生态环境变化给承受者造成的影响。该方法的目的在于建立环境损害（反应）和造成损害的原因之间的关系，评价在一定的污染水平下，产品或服务产出的变化，进而通过市场价格（或影子价格）对这种产出的变化进行价值评估。剂量 - 反应方法为其他的直接市场评价法提供信息和数据基础，特别是它将提供环境质量的边际变化与受影响的产品或服务产出的边际变化之间的关系。

2）生产效应法（生产率变化法）认为环境质量变化会导致生产率和生产成本发生变化，从而导致价格和产量发生变化，而后者是可以进行观察和测量的，以此变化量作为环境的价值。

3）疾病成本法和人力资本法。生态环境的基本服务之一就是为人类生命的存在提供必要的支持。污染（如空气和水污染）等将导致环境生命支持能力的变化，会对人体健康产生很大影响。这些影响不仅表现为因劳动者发病率与死亡率增加而给生产造成的直接损失（这种损失可以用上面的生产率变化法进行估算），而且表现为因环境质量恶化而导致的医疗费开支的增加，以及因人得病或过早死亡而造成的收入损失等。疾病成本法和人力资本法就是用于估算由环境变化造成的健康损失成本的主要方法，或者说是评价反映在人体健康上的环境价值的方法。

4）重置成本法又称恢复费用法，是通过估算生态环境被破坏后将其恢复原状所需支付的费用来评估环境影响经济价值的一种方法。重置成本是在现行市场条件下重新构建一项全新生态环境资产所支付的全部货币总额。在利用重置成本法对环境损害进行评估时，通常是将生态服务功能重置作为评估的依据。影子工程法是重置成本法的一种特殊形式。当生态服务（其收益难以评估）由于某一开发项目的建设而损失或减少时，它们的经济成本就可以通过考察一个假想的、可以提供替代品的项目的成本来近似地加以衡量。"影子工程"只是一个概念，而不是实实在在的工程，其目的是对环境成本有一个估算值。

5）机会成本法是用生态环境资源的机会成本来计量生态环境质量变化带来的经济效益或经济损失。机会成本，也称择一成本，由于资源是有限的，选择了这种使用机会就放弃了另一种使用机会，把其他使用方案中获得的最大经济效益称为该资源的机会成本。对于某些具有唯一特征或不可逆特征的自然资源而言，某些开发方案与自然系统的延续性是有矛盾的，其后果是不可逆的。开发工程可能使一个地区发生巨大变化，以至于破坏了它原有的自然系统，并且使这个自然系统不能重新建立和恢复。在这种情况下，开发工程的机会成本是在未来一段时期内保护自然系统得到的净效益的现值。由于自然资源的无市场价格特征，这些效益很难计量。但反过来，保护自然系统的机会成本可以看成是失去的开发效益的现值。

2.3.2 替代市场法

替代市场法又称揭示偏好法，是指使用替代物的市场价格来衡量没有市场价格的生态产品价值的方法。它通过考察人们与市场相关的行为，特别是在与生态环境联系紧密的市场中所支付的价格或获得的利益，间接推算出人们对生态环境的偏好，以此来估算生态环境质量的经济价值（匡永利，2008）。替代市场法有一个假设前提：在对环境质量以外的其他所有变量进行约束之后，所表现出来的价格差异就反映了购买者对于所考虑的环境质量的评估。它可以通过为市场交易的某物品所支付的价格来估算某种生态产品或服务的隐含价格，它可以利用某个实际的市场价格来评定某种未经交易的生态产品或服务的价格。常用的包括以下几种方法。

1）内涵资产定价法，即内涵房地产价值法，就是通过人们购买的具有生态环境属性的房地产商品的价格来推断出人们赋予环境的价值量大小的一种价值评估方法。通常，房地产商品都具有多种特性，它的价格体现着人们对它的各种特征的综合评价，其中包括当地的环境质量。它通常采用多重回归方法来研究房地产价格与可能影响房价的许多变量之间的关系。房地产的价格既反映了房产本身的特性（如面积、房间数量、房间布局、朝向、建筑结构、附属设施、楼层等），也反映了房产所在地区的生活条件（如交通、商业网点、当地学校质量、犯罪率高低等），还反映了房产周围的环境质量（如空气质量、噪声高低、绿化条件等）。在其他条件一致的条件下，环境质量的差异将影响到消费者的支付意愿，进而影响到这些房产的价格，所以，当其他条件相同时，可以用因周围环境质量不同而导致的同类房产的价格差异，来衡量环境质量变动的货币价值。

2）工资差额法。在其他条件相同时，劳动者工作场所环境条件的差异（如噪声的高低、是否接触污染物等）会影响到劳动者对职业的选择。通常来说，在其他条件相同时，劳动者会选择工作环境比较好的职业或工作地点。为了吸引劳动者从事工作环境比较差的职业并弥补环境污染给他们造成的损失，厂商就不得不在工资、工时、休假等方面对劳动者给予补偿。这种用工资水平的差异（工时和休假的差异可以折合成工资）来衡量环境质量的货币价值的方法，就是工资差额法。

3）费用支出法是从消费者的角度来评价生态服务功能的价值。费用支出法是一种既古老又简单的方法，它以人们对某种生态服务功能的支出费用来表示其经济价值。例如，对于自然景观的游憩效益，可以用游憩者支出的费用总和（包括往返交通费、餐饮费用、住宿费、门票费、入场券、设施使用费、摄影费用、购买纪念品和土特产的费用、购买或租借设备费及停车费与电话费等所有支出的费用）作为景观游憩的经济价值。

4）防护支出法。当某种经济活动有可能导致环境污染时，人们可以采用相应的措施来预防或治理环境污染。用采取上述措施所需的费用来评估环境价值的方法就是防护支出法。防护费用的负担可以有不同的形式，它可以采取"谁污染、谁治理"，由污染者购买和安装环保设备自行消除污染的方式；也可以采取"谁污染、谁付费"，建立专门的污染物处理企业集中处理污染物的方式；还可以采取受害者自行购买相应设备，而由污染者给予相应补偿的方式。

2.3.3　或有估计法

或有估计法也称意愿调查评估法、条件价值法或者权变评价法，它是以调查问卷为工具来评价被调查者对缺乏市场的物品或服务所赋予的价值的方法，它通过询问人们对于环境质量改善的支付意愿或忍受环境损失的受偿意愿来推导出环境物品的价值（匡永利，2008）。

当缺乏真实的市场数据，甚至也无法通过间接的观察市场行为来赋予生态环境价值时，只好依靠建立一个假想的市场来解决。或有估计法就是试图通过直接向有关人群样本提问来发现人们是如何给一定的环境变化定价的。在连替代市场都难以找到的情况下，只能人为地创造假想的市场来衡量生态环境质量及其变动的价值。故或有估计法又称为假想市场法。

2.3.4　成果参照法

成果参照法就是把一定范围内可信的货币价值赋予受项目影响的非市场销售的物品和服务。成果参照法实际上是一种间接的经济评价方法，它采用一种或多种基本评价方法的研究成果来估计类似环境影响的经济价值，并经修正、调整后应用到被评价的项目中（匡永利，2008）。

2.4　GEP 研究

2.4.1　GEP 概念与内涵

自 20 世纪 90 年代以来，生态学家广泛开展了生态系统服务功能研究，这些研究初步建立了生态系统服务功能评价理论框架，探索了不同生态系统、不同服务功能类型的评估方法，更重要的是促进了人们对生态系统及其服务功能重要性的认识。但如何以生态系统服务功能评价的成果为基础，将生态效益纳入经济社会发展评价体系，建立体现生态文明要求的目标体系、考核办法，引导全社会参与保护生态系统、恢复生态服务功能、遏制生存环境的恶化已成为政府和社会各界关心的重大课题。

生态系统生产总值（GEP）的概念是借鉴 GDP 概念提出的，关注的是生态系统的运行状况，对应于 GDP 关注的经济系统运行状况（欧阳志云等，2013）。生态系统生产总值一词首次出现在 2012 年，IUCN 驻华代表朱春全提出把自然生态系统的生产总值纳入可持续发展的评估核算体系，以生态系统生产总值来评估生态状况。建立一个与 GDP 相对应的、能够衡量生态状况的评估与核算指标，即生态系统生产总值。Eigenraam 等（2012）也提出过生态系统生产总值一词，他们将其定义为生态系统产品与服务在生态系统之间的净流量。欧阳志云等（2013）认为 GEP 是指一定区域在一定时间内生态系统产品与服务价值的总和，是生态系统为人类福祉提供的产品和服务及其经济价值的总量，一般以一年为核算时间单元。生态系统通常包括森林、草原、湿地、荒漠、淡水和海洋生态系统等自然生态系统，以及农田、草场、水产养殖场和城市绿地水域等以自然生态过程为基础的人工生态系统。生态系统产品与服务是指生态系统和生态过程为人类生存、生产与生活所提供的条件及物质资源。生态系统产品包括生态系统提供的可被人类直接利用的食物、木材、纤维、淡水资源、遗传物质等。生态系统服务指生态系统提供的满足人类生存和发展的功能，包括调节气候、调节水文、保持土壤、调蓄洪水、降解污染物、固碳、释氧、植物花粉的传播、有害生物的控制、减轻自然灾害等生态调节功能，以及源于生态系统组分和过程的文学艺术灵感、知识、教育与景观美学等生态文化功能。

GEP 核算可以通过评估一个国家或区域自然生态系统及人工生态系统的生产总值来衡量和展示生态系统的状况及其变化，还可以评价与分析生态系统对人类经济社会发展的支撑作用，以及对人类福祉的贡献。

2.4.2　GEP 核算

生态系统生产总值核算，就是分析和评价生态系统为人类生存与福祉提供的产品及服务的经济价值，通常包括生态系统产品价值、调节服务价值和文化服务价值。生态系统生产总值核算的思路主要源于生态系统服务功能及其生态经济价值评估与国内生产总值核算。根据生态系统服务功能评估的方法，生态系统生产总值可以从生态功能量和生态经济价值量两个角度核算。生态功能量可以用生态系统功能表现的生态产品产量与生态服务量表达，如粮食产量、水资源提供量、洪水调蓄量、污染净化量、土壤保持量、固碳量、自然景观吸引的旅游人数等，其优点是直观，可以给人明确具体的印象，但由于计量单位不同，不同生态系统产品的产量和服务量难以加和，从而难以获得国家或地区在一段时间的生态系统产品与服务的产出总量。为了获得生态系统生产总值，还需要借助价格，将不同生态系统产品的产量与服务量转化为货币单位来表示产出，然后加和为生态系统生产总值。

国内知名生态学家欧阳志云等（2013）提出了 GEP 核算的 3 个基本任务。

1）核算生态系统产品与服务的功能量。即统计生态系统在一定时间内提供的各类产品的产量、生态调节服务功能量和生态文化服务功能量，如生态系统提供的粮食产量、木材产量、水电发电量、土壤保持量、污染物净化量等。

2）确定生态系统产品与服务的价格。例如，单位木材的价格、单位水资源量的价格、单位土壤保持量的价格等。目前的定价技术主要有替代市场技术和模拟市场技术。替代市场技术以"影子价格"和消费者剩余来表达生态系统服务功能的价格与经济价值，其具体定价方法有费用支出法、市场价值法、机会成本法、旅行费用法等，在评价中可以根据生态系统服务功能的类型进行选择。模拟市场技术（又称假设市场技术）以支付意愿和净支付意愿来表达生态服务功能的经济价值，在实际研究中，从消费者的角度出发，通过调查、问卷、投标等方式来获得消费者的支付意愿和净支付意愿，综合所有消费者的支付意愿和净支付意愿来估计生态系统服务功能的经济价值。

3）核算生态系统产品与服务的价值量。在生态系统产品与服务功能量核算的基础上，核算生态系统产品与服务的总经济价值。

总体说来，近年来生态系统服务功能评估取得了长足进展，越来越多的生态系统服务功能类型被人们所认识，生态系统服务功能量的评估方法也在不断发展成熟，为核算生态系统生产总值（GEP）奠定了基础。同时，现行的国民经济核算体系可以为生态系统产品的核算提供较全面的数据，环境监测、水文监测、草地监测、森林资源清查和湿地调查体系可以为生态系统调节服务功能的核算提供数据与参数，开展国家或地区尺度的生态系统生产总值核算的技术基础已基本具备。

2.4.3　GEP 核算案例

（1）内蒙古库布齐沙漠 GEP 核算

国内报道的第一个 GEP 核算项目是在内蒙古库布齐沙漠。研究者分别从 GDP 和 GEP 的角度核算了亿利资源集团 20 多年治理库布齐沙漠的绿色发展账本。从 GDP 的角度，亿利资源集团 25 年间共计投入了 100 多亿元进行沙漠生态修复绿化和沙漠经济发展，表面上看起来投资大、周期长、见效慢。但从 GEP 的角度，生态效益显著：共绿化了 5000 多平方千米的沙漠，遏制了沙尘暴，出现了"大面积厘米级"的土壤迹象，生物多样性得到了明显恢复，经过估算，创造了 300 多亿元的生态价值（刘艳丽，2013；刘伟华，2014）。可见 GEP 核算可以更科学、更客观地反映生态修复的成果。GEP 核算首个项目的启动，将有助于检验其科学性和可行性，为其他地区开展类似研究提供了宝贵的技术参考。

（2）贵州省 GEP 核算

国内知名生态学家欧阳志云等（2013）对贵州省 GEP 进行了核算，评价了贵州省生态系统为贵州省和其他地区人们的福祉及支撑社会经济发展所提供的产品与服务及其经济价值。他们构建了由提供产品价值、调节服务价值、文化服务价值的 3 大类 17 项功能指标构成的贵州省生态系统生产总值核算指标体系。其中，对于生态系统产品价值的核算，主要以生态系统产品的市场价格为其定价，然后乘以产品的产量得到各类产品的价值。核算生态系统服务价值时，主要根据生态系统服务功能类型，选用替代市场技术和模拟市场技术为生态系统服务定价。

经过核算，得出贵州省 2010 年的生态系统生产总值是 20 013.46 亿元，是当年 GDP 的 4.3 倍。其中，生态系统产品总价值为 2083.45 亿元，占 10.41%；调节服务总价值为 13 793.13 亿元，占 68.92%；文化服务总价值为 4136.88 亿元，占 20.67%。

2.4.4　城市 GEP 核算

从前面的介绍不难看出，目前已经开展的 GEP 核算都是针对自然生态系统的生产总值核算，尚未见到受人类活动影响巨大的城市生态系统生产总值的核算报告。

城市是一个社会 - 经济 - 自然高度复合的生态系统，与自然生态系统存在明显区别。作为消费者的人类在城市生态系统的结构中占据着绝对的数量优势，城市生态系统被深深刻上了人工改造的烙印，人工作用与人类认知对城市生态系统的生存和发展起着决定性作用。自然生态系统是一个高度自我调节的系统，而城市生态系统中人对环境的管理维持非常重要。城市与自然两种生态系统在物种结构、数量上的差异，以及由此引起的物质循环、能量流动的差异，还有空间格局的差异等，都决定了这两种生态系统的功能价值的差异。另外，由于人类在城市生态系统中占有支配地位，城市生态系统生产总值应更多地考虑其对满足人类需求的支持力。尽管绝大多数生态系统服务功能是客观存在的，但最终都统一归根到对维持人类生存和发展所做出的贡献中（苏美蓉等，2007）。

因此，对一个高度发达的城市来说，自然生态系统只是城市生态系统的一部分，不能仅以自然生态功能和状态来评价城市生态系统所具有的价值，而是应基于城市生态系统的特征，从整体出发，综合考虑城市生态系统的生态效益，将单纯自然生态生产价值的测算拓展到自然生态价值和人居环境生态系统价值的综合测算，这样才能全面地把握城市生态系统功能价值的变化，便于运用各种技术、行政和行为手段来调控城市生态系统中各组分间的生态关系，从而促进城市的可持续发展。

另外，由于核算尺度、生态系统类型和地理位置不同，不同地区的生态系统生产总值与构成会有地域差异，在 GEP 核算指标的建立及核算方法的选取上应有差异。在核算某一区域的 GEP 时，需结合该区域的生态环境状况，考虑其城市化特征，筛选核算指标，选取合适的核算方法，确保得到科学的、客观的、合理的 GEP 核算结果。

城市 GEP 概念的界定
和框架体系的构建

本章旨在基于与国内外生态系统服务功能价值量化相关的研究成果，立足城市生态系统特征，明确城市 GEP 的概念内涵，确定城市生态系统分类及其提供的生产服务功能，研究建立城市 GEP 核算体系框架。

3.1 城市生态系统特点分析

城市生态系统是城市居民与其环境相互作用而形成的统一整体，也是人类对自然环境进行适应、加工、改造而建设起来的特殊的生态系统（董雅文，1982）。从广义生态共生的角度来看，城市复合生态系统可分为自然生态子系统、经济生态子系统和社会生态子系统。其中，自然生态子系统是一切生命赖以生存的自然空间和物质载体，人类所有的经济活动、社会生活都发生在自然生态子系统中，同时该子系统为经济生态子系统的经济活动提供必需的物质资源，并影响着社会生态子系统中人类的生存环境，因此，该子系统在城市复合生态系统中承担着生产者和分解者的角色；经济生态子系统是为人类提供所需物品和劳务的投入产出系统，其经济活动产生的污染物排放到自然生态子系统中，并为社会生态子系统提供产品，因此，该子系统在城市复合生态系统中承担着消费者和生产者的角色；社会生态子系统是人类及其自身活动所形成的非物质性生产的组合，是城市自然 - 经济 - 社会复合生态系统协调与控制的主体，是城市复合生态系统中的分解者与消费者。城市生态系统具有以下特点（王效科等，2009；薛慧，2013）。

1）城市生态系统是以人类为核心的生态系统。城市中的大部分设施都是人为制造的，人类活动对城市生态系统的发展起着重要的支配作用。与自然生态系统相比，城市生态系统的生产者，即绿色植物的数量较少，植被覆盖较为分散；消费者主要是人类，而不是野生动物；分解者微生物的活动受到抑制，分解功能不完全。

2）城市生态系统是物质和能量流通量大、运转快、高度开放的生态系统。城市中人口密集，城市居民所需要的绝大部分食物要从其他生态系统人为地输入；城市中的工业、建筑业、交通等都需要大量的物质和能量，这些也必须从外界输入，并且迅速地转化成各种产品。城市居民的生产和生活会产生大量的废弃物，其中有害气体必然会飘散到城市以外的空间，污水和固体废物（简称固废）绝大部分不能靠城市中自然生态系统的净化能力自然净化与分解，如果不及时进行人工处理，就会造成环境污染。由此可见，城市生态系统不论在能量上还是在物质上，都是一个高度开放的生态系统。这种高度的开放性导致它对其他生态系统具有高度的依赖性。

3）城市生态系统中自然生态系统的自动调节能力较弱，容易出现环境污染等问题，人对生态环境的管理非常重要。城市生态系统的营养结构简单，对环境污染的自动净化能力远远不如自然生态系统。因此，在城市中必须通过建设污水处理厂、固体废物处理厂等人工净化设施来实现剩余污染物的收集和净化（马传栋，1986）。

不难看出，城市生态系统与自然生态系统存在较大差异，详见表 1-3-1（苏美蓉等，2007）。

表 1-3-1　自然生态系统与城市生态系统特征比较

项目	自然生态系统	城市生态系统
生态价值表现形式	主要是自然生态价值	除了自然生态价值外，还包括通过人工改造后体现出来的对生态环境有正面影响的价值
与生态过程的关系	更侧重生态过程，更多地体现生态系统本身发展演化过程中表现出来的维持人类生存的功能	更侧重生态结果，更多地体现生态系统在与人类相互作用的过程中反映出的能直接满足人类需求的功能
与人类意识的关系	大多数功能不以人的意志为转移，具有客观存在性	许多功能与人的需求紧密相关，带有主观色彩

对城市生态系统的调控可以分为两个层次：第一个层次是自然调控，即自然界本身的调控，通过生态系统内生物与生物、生物与环境及环境因子之间的物理、化学和生物学作用来完成；第二个层次是城市中的经营者，即人类对生态系统的管理与调控，指人类通过生态系统管理、生态工程、生态恢复与重建等对生态系统服务功能的主动恢复和保育，也就是以对生态系统相互作用与过程的充分理解为基础，通过一定的生物、生态及工程的技术与方法，借助物质和能量的投入，人为地调整、配置和优化系统内部及其与外界的物质、能量和信息的流动过程及时空秩序，使生态系统的结构、功能和生态学潜力维持、恢复、改善到较好的水平。例如，在城市中修建污水处理厂，从而降低环境污染负荷，改善环境污染。

综上所述，与自然生态系统相比，城市生态系统具有其特有的属性，这就决定着城市 GEP 核算与自然生态系统的 GEP 核算存在较大的差异。城市生态系统受人类活动的影响较大，自然生态只是城市生态系统的一部分，不能仅以自然生态功能和状态来评价城市生态系统所具有的价值。因此，对城市生态系统生产总值的核算不能简单地照搬自然生态系统生产总值的核算方法，应根据城市生态系统的特点，在自然生态系统生产总值的基础上，综合考虑城市中自然生态系统对人类福祉的贡献和人为努力对生态环境管理的贡献，将单纯自然生态系统生产价值的测算拓展到自然生态价值和人居环境生态价值的综合测算。以此理论构建的城市 GEP 核算才能全面地把握城市生态系统功能的价值变化，便于运用各种技术、行政和市场手段来调控城市生态系统中各组分间的生态关系，从而促进城市的可持续发展。

3.2　城市生态系统生产总值的概念与内涵

　　城市生态系统与自然生态系统在结构、功能上的差异性，导致了城市生态系统与自然生态系统在服务功能上的差异。鉴于以上对于城市生态系统特点的分析，城市生态系统生产总值应该既包括自然生态系统自发提供的产品和服务价值，也包括人力和在人力作用下对人居生态环境进行管理与维护所创造的人居环境生态系统价值。因此，城市生态系统生产总值（GEP）可以定义为城市生态系统的产品和服务价值，包括自然生态系统为人类福祉所提供的产品和服务价值，即自然生态系统价值，以及通过城市规划、城市管理、城市建设等方式对人居生态环境进行维护和提升所创造的生态价值，即人居环境生态系统价值。

　　城市 GEP 核算，就是分析与评价城市生态系统中自然生态部分为人类生存所提供的产品和服务，以及人居环境部分维护改善的经济价值，全面反映城市生态系统对人类福祉的贡献及其对经济社会发展的支撑作用。核算的目的是描绘生态系统运行的总体状况，评估生态保护成效，评估生态系统对人类福祉的贡献等方面。城市 GEP 是自然生态系统价值和人居环境生态系统价值之和。自然生态系统价值主要以自然生态系统为人类福祉所提供的产品和服务来表现（食物、木材、水资源、固碳释氧、涵养水源），是对生态系统的服务和自然资本用经济法则所做的估算（欧阳志云等，2013）；人居环境生态系统价值是指通过城市规划、城市管理、城市建设等方式对人居生态环境进行维护和提升所创造的生态经济价值，包括空气环境质量、水环境质量、声环境质量等的经济价值，以及环境改善作为社会福利的经济价值。

3.3　城市生态系统生产总值核算框架体系

3.3.1　核算思路

　　城市生态系统生产总值的核算思路与绿色国民经济的核算思路一致，源于生态系统服务功能及其生态经济价值与环境价值核算。在生态系统服务的实物量核算的基础上，进行价值量核算。城市 GEP 核算主要需要 3 个步骤：一是生态系统功能量核算，即通过现有的经济核算体系、生态环境监测体系和生态系统模型估算等方式，统计生态系统在一定时间内提供的各类产品的产量、生态调节服务功能量、生态文化服务功能量、环境维持改善功能量，如生态系统提供的粮食产量、木材产量、水电发电量、土壤保持量、污染物净化量、环境改善情况等；二是确定各类生态系统产品与服务功能的价格，如单位木材的价格、单位水资源量的价格、单位土壤保持量的价格、单位环境质量改善的价格等；三是城市 GEP 的核算，通过生态系统功能量与价格的关联，核算出城市生态系统生产总值。其中，准确定量评估城市生态系统服务功能量和确定功能价格是城市 GEP 核算中的重点，也是难点问题。

3.3.2　核算框架

基于前面的分析，城市 GEP 可分为两部分进行核算：自然生态系统价值、人居环境生态系统价值。通过对自然生态系统面积、结构、功能的调查监测，获知自然生态系统提供的产品和服务的功能量；通过对人居环境生态系统各要素环境的现状、变化及环境健康效用的调查监测，核算人居环境生态系统维持与改善的实物量；在实物量核算的基础上，借助生态系统产品、服务效用的定价研究，进行价值量核算，加和得到城市生态系统生产总值。因此，借鉴现有国际与国内相关经验，根据生态文明建设要求，建立城市生态系统生产总值核算框架体系（图 1-3-1）。

3.3.3　核算指标

3.3.3.1　自然生态系统价值

在城市 GEP 的自然生态系统价值方面，主要以自然生态系统为人类福祉所提供的产品和服务来表现。将自然生态系统分为林地、湿地、淡水、海洋、草地等生态系统类型，分析各类型自然生态系统所提供的产品及服务功能（表 1-3-2）。

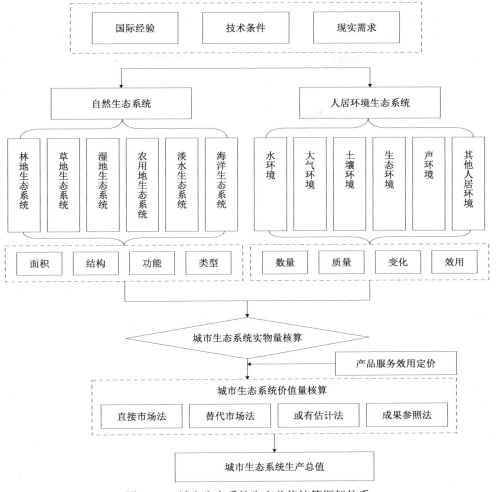

图 1-3-1　城市生态系统生产总值核算框架体系

表 1-3-2　各类型自然生态系统提供的产品及服务功能

	产品及服务功能	林地	湿地	草地	淡水	海洋	农用地
生态产品	林产品	✓	✓				
	农产品						✓
	畜产品			✓			
	水资源				✓		
	水能、潮汐能				✓	✓	
	水产品				✓	✓	
	种子资源	✓		✓			

产品及服务功能		林地	湿地	草地	淡水	海洋	农用地
生态调节服务	土壤保持	√	√	√			√
	涵养水源	√	√	√			√
	净化水质	√	√	√			
	固碳释氧	√	√	√		√	√
	净化大气	√	√				
	降低噪声	√		√			
	调节气候	√	√	√	√	√	
	洪水调蓄				√		
	维持生物多样性	√	√	√	√	√	√
生态文化服务	旅游服务、景观美学价值	√	√	√	√	√	

注：√表示该生态系统提供此产品或服务。

因此，自然生态系统价值的核算指标包括（表1-3-3）：生态产品（农产品、林产品、畜产品、水产品、水资源、能源等）、生态调节服务（土壤保持、涵养水源、净化水质、固碳释氧、净化大气、降低噪声、调节气候、洪水调蓄、维持生物多样性）、生态文化服务（旅游服务、景观美学价值）。

表1-3-3　自然生态系统价值核算指标

核算指标	细化指标	核算具体内容
生态产品	农产品	谷物、豆类、薯类、油料、棉花、麻类、糖类、烟叶、药材、蔬菜、茶叶、瓜果类、水果、其他作物
	林产品	木材及林副产品
	畜产品	肉类、奶类、禽蛋、动物皮毛、其他
	水产品	海水产品、淡水产品等
	水资源	农村用水、生活用水、工业用水、生态用水等用水量
	能源	水能、潮汐能、太阳能、沼气等
	种子资源	农作物种子、林木种子、花卉种子、水产品种子等
	其他	花卉、盆栽等装饰观赏资源
生态调节服务	土壤保持	保肥、减轻泥沙淤积
	涵养水源	调节水量
	净化水质	净化水质
	固碳释氧	固碳、释氧
	净化大气	吸收污染物、生产负离子、滞尘
	降低噪声	降低噪声
	调节气候	植物蒸腾、水面蒸发
	洪水调蓄	湖泊调蓄、水库调蓄
	维持生物多样性	物种保育
生态文化服务	旅游服务	休闲游憩
	景观美学价值	景观贡献

其中，土壤保持指森林地下根系与土壤紧密结合，起到固土作用；并为周边土地输送营养物质，提高土地生产力的服务功能。

涵养水源指林地和草地等能够保持与涵养大量的水分，其中植被对垂直降水起着重新分配的作用，从而改变降水的分布、流量和流速。

净化水质指林地和草地对大气降水具有阻滞与调节作用，通过枯枝落叶和有机质的过滤，起到净化水质的作用。

固碳释氧指植被通过光合作用和呼吸作用与大气交换 CO_2 及 O_2，从而对维持大气中 CO_2 和 O_2 的动态平衡起着不可替代的作用。

净化大气指生态系统维持大气化学组分平衡，吸收二氧化硫、二氧化氮等污染物，生产负离子，阻滞粉尘等的功能。

降低噪声指绿地通过树木和草等植被隔声、吸声的功能。

调节气候指植被和水面对区域的小气候起到的调节作用，如增加降水、降低气温。

洪水调蓄指通过蓄洪，泄洪，固定、削减洪峰的作用，来减轻洪水的危害和预防洪水的发生。

维持生物多样性指生态系统为各类生物物种的生存和繁衍提供适宜的场所，为生物进化及生物多样性的产生与形成提供条件的功能。

3.3.3.2　人居环境生态系统价值

城市生态系统中的人居环境生态系统价值体现的是通过人为参与的生态建设和环境管理等实现人居生态环境的维护与改善所具有的经济价值，主要以环境要素进行分类（表 1-3-4），包括以下几个方面。

表 1-3-4　人居环境生态系统价值核算指标及核算内容

核算指标	核算指标描述	核算内容
大气环境维持与改善	表征大气环境质量维持在达标状态所具有的价值和通过人为努力使大气环境改善增加的价值	大气环境维持 大气环境改善
水环境维持与改善	表征水环境质量维持在达标状态所具有的价值和通过人为努力使水环境改善增加的价值	水环境维持 水环境改善
土壤环境维持与保护	表征土壤环境质量维持在一定状态所具有的价值	土壤环境维持与保护
生态环境维持与改善	通过外界的作用力或人为的努力，使生态环境质量向好的方向改变，并使其维持在良好水平所具有的价值	生态环境维持 生态环境改善
声环境价值	指声环境为人类提供的舒适性服务的价值	声环境价值
环境健康	指城市生态环境质量对人体健康影响的价值	健康价值

（1）大气环境维持与改善

大气为地球生命的繁衍和人类的发展提供了理想的环境。它的状态和变化，时时刻刻影响到人类的活动与生存。人类活动或工农业生产排出的一氧化碳、硫化物、氮氧化物和氟化物等有害气体可以改变原有空气的组成，并引起污染，造成全球气候变化，破坏生态平衡。大气环境维持与改善是指有意识地保护大气资源并使其得到合理利用，从而使其长期处于一种良好的生存和发展状态，防止其受到污染和破坏。

（2）水环境维持与改善

水环境是人类生存的核心环境，水环境的自然修复承载能力是有限的，当城市中人类活动超出水环境承载限度时，就会改变人水和谐状态，表现为地下水严重超采、水土流失、河道干涸、水环境污染等。城市水环境的维持与改善价值指按照可持续发展战略和系统科学思想，实施生产过程控制和末端治理相结合、开发与保护相结合的管理模式，对水环境实施综合整治，使水环境维持在较好状态所具有的价值。

（3）土壤环境维持与保护

土壤是重要的自然资源，是一切生物的载体，是人类社会和生活活动的场地，也是整个生态系统的构成要素。随着工业化和城市化的发展，土壤环境质量日趋令人担忧。可以从土壤污染修复治理成本的角度考虑，来表示土壤环境质量维持在一定状态所具有的价值。

（4）生态环境维持与改善

生态环境广义上是指由生物群落及非生物自然因素组成的各种生态系统所构成的整体，可以从生态环境建设和生物资源恢复的角度出发，来计算生态环境维持与改善的价值。

（5）声环境价值

声环境价值指声环境为人类提供的舒适性服务的价值。声环境是人类生活所必需的，一般声环境噪声级至少应大于等于15dB，当噪声级在40～45dB时，人体感觉是最为舒适的，但是当声能量超过一定限度时，声环境即会对人体健康产生影响。对于一般城市居民来说，很难确切地了解某声级的城市噪声对人的伤害程度。如果把该值转化为金钱来衡量，就会大大加强城市居民对城市噪声的感知程度。

（6）环境健康

环境健康是指由于城市大气、饮用水等环境质量改善，生活在该环境中的人群的身心健康程度得以提高的表现。这种环境健康效益一般反映在致病率、死亡率的降低和公众医疗消费的减少上。

3.3.4　核算单元

生态系统边界的划定，通常都是基于其相对一致性的生态系统特征，并有很强的内在功能性关系。生态系统核算的统计单元是空间区域，包括不同尺度的空间信息的收集和统计数据的汇编。收集方法包括遥感、实地评估、对土地所有者的调查和官方统计数据。可以从基本空间单元和土地覆盖／生态功能单元两种不同的单元类型进行核算。

基本空间单元是一个小空间区域，一般将一个网格覆盖在相关区域的地图上来构成基本空间单元，也可以是根据地籍或者是使用遥感像元划定的地块。理想情况下，每一个基本空间单元都是正方格，且在给定的有效信息、景观多样性和分析需求的条件下，划分得越小越好。土地覆盖／生态功能单元是满足一组预定的和一个生态系统特征有关的要素的区域，通常就是一个生态系统。土地覆盖／生态功能单元可分解成若干个基本空间单元，若干个基本空间单元也可以聚合形成土地覆盖／生态功能单元。

3.4 核算方法

3.4.1 自然生态系统价值核算方法

3.4.1.1 生态产品价值核算方法

生态产品是指生态系统为人类提供的最终产品，先分别核算各类产品的产量，再根据下列公式计算生态系统产品的总经济价值（欧阳志云等，2013）：

$$EPV=\sum_{i=1}^{n} EP_i \cdot P_i \qquad (1\text{-}3\text{-}1)$$

式中，EPV 为生态产品价值；EP_i 为第 i 类生态系统产品的产量；P_i 为第 i 类生态系统产品的价格。

对具有实际市场和市场价格的产品，可以直接以产品的市场价格进行评估。生态系统产品的产量可根据市场调查和统计得到直观的、准确的数据。

3.4.1.2 生态调节服务价值核算方法

生态调节服务功能包括土壤保持、涵养水源、净化水质、固碳释氧、净化大气、降低噪声、调节气候、洪水调蓄、维持生物多样性 9 个方面。首先分别核算各指标的功能量，确定各项功能的价格，最后根据式（1-3-2）计算生态调节服务的总经济价值（欧阳志云等，2013）：

$$ESV=\sum_{j=1}^{n} ES_j \cdot P_j \qquad (1\text{-}3\text{-}2)$$

式中，ESV 为生态调节服务总价值；ES_j 为第 j 类生态调节服务功能量；P_j 为第 j 类生态调节服务价值量。

对生态调节服务的定价一般采用替代市场技术，它以"影子价格"和消费者剩余来表达生态系统服务的经济价值，评价方法多样，多采用影子价格法、市场价值法、替代工程法和旅行费用法等方法。生态调节服务价值核算方法及评估公式见表 1-3-5，表 1-3-5 中的公式主要参照《生态系统生产总值：概念、核算方法与案例研究》（欧阳志云等，2013）和《森林生态系统服务功能评估规范》（LY/T 1721—2008）（国家林业局，2008）来建立计算公式和设定参数选取标准（表 1-3-5）。

表 1-3-5 生态调节服务价值核算方法及评估公式

功能类别	核算指标	计算公式和参数说明
土壤保持	保肥	$E_f = \Sigma_i A_c \cdot C_i \cdot P_i (i = $ N、P、K)
		E_f 为保护土壤肥力的经济效益（元 /a）；A_c 为土壤保持量（t/a）；C_i 为土壤中氮、磷、钾的纯含量；P_i 为化肥平均价格（元 /t）
	减轻泥沙淤积	$E_n = 24\% A_c \cdot \dfrac{C}{\rho}$
		E_n 为减轻泥沙淤积灾害的经济效益（元 /a）；A_c 为土壤保持量（t/a）；C 为水库工程费用（元 /m³）；ρ 为土壤容重（t/m³）
涵养水源	调节水量	$W_f = R + I_w - E_r - O_w$
		$E_w = W_f \cdot P$
		W_f 为区域内总的水源涵养量（m³）；R 为年降水总量（m³）；I_w 为入境水量（m³）；E_r 为区域内年蒸发量（m³）；O_w 为出境水量（m³）E_w 为水源涵养总价值量（元 /a）；P 为建设单位库容的投资价格（元 /m³）
净化水质	净化水质	$E_p = R \cdot S_g \cdot P_t \cdot 10$
		E_p 为生态系统净化水质价值（元 /a）；R 为年降水量（mm）；S_g 为植被覆盖面积（hm²）；P_t 为污水处理费用（元 /m³）
固碳释氧	固碳	$E_C = 1.62 N_p \cdot A \cdot P_C$
		E_C 为生态系统固碳价值（元 /a）；N_p 为生态系统净初级生产力 [g/(m²·a)]；A 为生态系统面积（km²）；P_C 为固碳价格（元 /t）
	释氧	$E_O = 1.20 N_p \cdot A \cdot P_O$
		E_O 为生态系统释氧价值（元 /a）；N_p 为生态系统净初级生产力 [g/(m²·a)]；A 为生态系统面积（km²）；P_O 为工业制氧价格（元 /t）
净化大气	生产负离子	$U_A = 5.256 \times 10^{15} \cdot \dfrac{AHK_A Q_A}{L}$
		U_A 为生态系统生产的负离子价值量（元 /a）；A 为生态系统面积（hm²）；H 为植被高度（m）；K_A 为负离子生产费用（元 / 个）；Q_A 为负离子浓度（个 /cm³）；L 为负离子寿命（min）
	吸收污染物	$U_S = K_S \cdot Q_S \cdot A$
		U_S 为生态系统吸收 SO_2 价值量（元 /a）；K_S 为 SO_2 治理费用（元 /kg）；Q_S 为单位面积 SO_2 吸收量 [kg/(hm²·a)]
		$U_N = K_N \cdot Q_N \cdot A$
		U_N 为生态系统吸收氮氧化物价值量（元 /a）；K_N 为氮氧化物治理费用（元 /kg）；Q_N 为单位面积氮氧化物吸收量 [kg/(hm²·a)]

功能类别	核算指标	计算公式和参数说明
净化大气	滞尘	$$U_D = K_D \cdot Q_D \cdot A$$ U_D 为年滞尘价值量（元 /a）；K_D 为降尘清理费用（元 /kg）；Q_D 为单位面积年滞尘量 [kg/(hm²·a)]
降低噪声	降低噪声	$$E_n = S \cdot F \cdot C \cdot 15\%$$ E_n 为生态系统降低噪声价值；S 为林地与城市绿地面积之和（hm²）；F 为平均造林成本（元 /m³）；C 为单位面积成熟林林木材蓄积量（m³/m²）
调节气候	植物蒸腾	$$E_v = G_a \cdot H_a \cdot \rho \cdot P_e$$ E_v 为植物蒸腾价值量（万元）；G_a 为植被覆盖面积（km²）；H_a 为单位面积绿地吸收的热量（kJ/km²）；ρ 为常数，1kW·h/3600kJ；P_e 为电价 [元 /(kW·h)]
	水面蒸发	$$E_w = W_a \cdot E_p \cdot \beta \cdot \rho \cdot P_e$$ E_w 为水面蒸发价值量（万元）；W_a 为水体面积（m²）；E_p 为年平均蒸发量（m）；β 为蒸发单位体积的水消耗的能量（kJ/m³）；ρ 为常数，1kW·h/3600kJ；P_e 为电价 [元 /(kW·h)]
洪水调蓄	湖泊调蓄	$$L_P = 134.83\, e^{0.927 \cdot \ln(L_a)}$$ $$E_L = L_P \cdot P_v$$ L_P 为可调蓄水量（×10⁴m³）；L_a 为湖面面积（km²）；E_L 为湖泊洪水调蓄功能价值量（万元）；P_v 为水库单位库容价格（元 /m³）
	水库调蓄	$$R_P = T_v - S_v$$ $$E_R = R_P \cdot P_v$$ R_P 为水库可调蓄水量（×10⁴m³）；T_v 为水库总库容（×10⁴m³）；S_v 为水库枯水期蓄水量（×10⁴m³）；E_R 为水库洪水调蓄功能价值量（万元）；P_v 为水库建设单位库容价格（元 /m³）
维持生物多样性	物种保育	以所在区域单位面积建设用地的土地价值和维持生物多样性的权重来确定维持生物多样性的价值量

3.4.1.3 生态文化服务价值核算方法

运用旅行费用法核算生态观赏娱乐等游憩价值，该方法操作起来相对简易、可行性高，被广泛运用于自然景观使用价值的评估中。观赏游憩价值是当自然景观所承载的自然资源被人们消费时，满足游览者观赏游玩需求的那部分功能和价值，也就是目前的自然资源通过商品和服务的形式为人们提供的福利，为消费者支出与消费者剩余之和。

$$UV = CC + CS \tag{1-3-3}$$

式中，UV 为文化服务功能的使用价值；CC 为消费者支出；CS 为消费者剩余。

消费者支出为实际旅行费用，包括交通费用、食宿费用、门票、拍摄相片、购买特产和纪念品等费用。消费者剩余是指对于景观提供的商品和服务，消费者愿意支付的最高费用与实际支付费用之间的差额，可以采用问卷调查的方法获取。

3.4.2 人居环境生态系统价值核算方法

在人居环境生态系统价值核算方法方面，主要采用替代工程法和防护费用法。替代工程法是恢复费用法的一种特殊形式，当需要对某一工程给自然资源带来的影响、破坏程度和污染进行评价时，如果难以直接计算，就用建立另一个能提供相同效用的工程（即替代工程）所需要的费用来进行评价。防护费用法可用于自然资源破坏和损失的估算，也就是说，一种环境资源的破坏可以用恢复到原来状态所需要的费用作为该环境资源被破坏带来的经济损失。具体方法见表 1-3-6。

表 1-3-6 盐田区人居环境生态系统价值核算方法及评估公式

功能类别	核算指标	计算公式和参数说明
大气环境维持与改善	大气环境维持	$OV_1 = OP_1 \cdot OA$ OV_1 为大气环境维持价值（元）；OP_1 为单位面积大气治理成本（元 /km²）；OA 为区域面积（km²）
	大气环境改善	$OV_2 = OP_2 \cdot (T - t)$ OV_2 为大气环境改善价值（元·天）；OP_2 为居民对区域每增加 1 天优良天数愿意支付的价值（元）；T 为当年空气优良天数（天）；t 为上一年度空气优良天数（天）
水环境维持与改善	水环境维持	$WV_1 = WP_1 \cdot WL$ WV_1 为水环境维持价值（元）；WP_1 为单位长度河流治理成本（元 /m）；WL 为河流长度（m）
	水环境改善	$$WV_2 = \sum_{i=1}^{V} WP_i \cdot W_i$$ WV_2 为水环境改善价值（元）；WP_i 为地表水 Ⅰ～Ⅴ 类水的价格（元 /m³）；W_i 为区域各类水质的体积（m³）
土壤环境维持与保护	土壤环境维持与保护	$SV = SP \cdot SA$ SV 为土壤环境维持与保护价值（元）；SP 为受污染土地单位治理成本（元 /km²）；SA 为建设用地面积（km²）
生态环境维持与改善	生态环境维持与改善	$EV = V_R + V_P$ EV 为生态环境维持与改善价值（元）；V_R 为裸土地复绿成本（元）；V_P 为造林成本（元）
声环境价值	声环境价值	$AV = K - S$ $K = \sum f \cdot M$ $$S = \frac{K}{1 + 349\,487.1 \cdot \exp(-0.204\,228 \cdot c)}$$ AV 为区域声环境价值（元）；K 为声环境创造的总价值（元）；S 为在声级为 c 时声污染损失值（元）；f 为比例系数；M 为个人的人均可支配收入（元）；c 为噪声源声级大小（dB）

续表

功能类别	核算指标	计算公式和参数说明
环境健康	发病造成的损失	$IV = V_{门诊} + V_{住院}$ $V_{门诊} = P_{门诊} \cdot N_{门诊} + (T_{误工1} + T_{陪护1}) \cdot P_1 + V_{交通1} + V_{营养1}$ $V_{住院} = P_{住院} \cdot N_{住院} + (T_{误工2} + T_{陪护2}) \cdot P_1 + V_{交通2} + V_{营养2}$ $V_{门诊}$为因空气污染居民发病增加门诊造成的损失（元）；$V_{住院}$为因空气污染居民发病增加住院造成的损失（元）；$P_{门诊}$、$P_{住院}$分别为人均门诊、住院费用 [元/（人·年）]；$N_{门诊}$、$N_{住院}$分别为因大气污染而增加的呼吸系统疾病患者门诊、住院人数（人/年）；$T_{误工1}$、$T_{误工2}$分别为患者门诊、住院而造成的误工天数 [天/（人·年）]；$T_{陪护1}$、$T_{陪护2}$分别为门诊、住院时陪护人员的陪护天数 [天/（人·年）]；P_1为当年职工日均收入 [元/（人·天）]；$V_{交通1}$、$V_{交通2}$和$V_{营养1}$、$V_{营养2}$分别为门诊和住院所需的交通费（元）、营养费（元）
	死亡造成的损失	$DV = (D_{PM_{10}} + D_{PM_{2.5}} + D_{O_3}) \cdot P_P$ DV 为因空气污染居民死亡率增加造成的损失（元）；$D_{PM_{10}}$、$D_{PM_{2.5}}$、D_{O_3}分别为因 PM_{10}、$PM_{2.5}$、O_3浓度变化而导致的死亡人数（人）；P_P为人类生命价值（元/人）

3.5 价格体系

3.5.1 价格影响因素分析

生态资源不仅具有可被人们利用的物质性产品价值，而且具有可被人们利用的功能性服务价值。如果忽视生态资源的价值或者为其定价过低，那么就会刺激生态资源的过度消耗，破坏生态平衡。因此，对生态系统服务的定价尤为重要。然而，生态系统服务的价格往往会受到多个方面的影响，从而出现不统一、不规范的现象。总体来说，城市 GEP 核算指标的定价主要受到以下 4 个因素影响。

（1）时间、空间影响

生态系统服务的价格受时间和地域的影响较大。由于时间和空间的特异性，生态产品的市场价格和生态服务的替代价格在不同时期、不同地区会有较大差异。因此，要对生态系统生产总值进行横向比较存在较大难度。

（2）外部经济效益影响

外部经济效益影响是指市场变化对生态产品及服务价格的影响，实际上也是经济水平因素、市场供需因素、政府调节因素等方面对产品的直接市场价格或服务的替代价格的影响。生态价格可能会由于社会贴现率、市场供求不等、政府干预等原因产生较大波动，导致对生态产品和服务功能的准确定价造成困扰。

（3）主观影响

在对生态系统服务和环境质量定价时会采用一些主观性较强的方法。例如，在对生态景观的休闲游憩功能定价时采用的是条件价值法，条件价值法反映的是人们对生态系统提供的游玩服务的支付意愿，这往往与当时景区的生态环境状况和人们的价值观念、生态保护意识相关，这无疑使其统计核算结果存在主观性。而且，支付意愿也与人们的收入水平、消费能力成正比，对于高收入人群，调查得到的支付意愿较高；对于低收入人群，调查得到的支付意愿会明显偏低。

（4）定价方法影响

由于生态系统价值评估方法的多样性，生态系统服务功能的定价存在很多不确定的因素，如数据获取方式不同、取样偏差等。此外，对于同一服务功能若采用两种或两种以上的定价方法，得到的价格结果可能会存在较大差异。另外，如果采用替代市场的方法，替代成本的非唯一性和局限性也会造成定价结果的偏差。

3.5.2　价格确定方法

城市 GEP 核算中的产品类价值评估开展的时间较长，方法比较完善，结果也比较准确；而生态服务功能价值和环境质量价值核算方法的研究开展时间较短，评价方法各异，采用的计算模型不同，计算结果差异较大，各种核算方法虽然均有一定的理论基础，但在应用中由于涉及生态系统的复杂性，因此，核算结果往往与实际价值有较大差距。本研究的目的是在借鉴国内外相关研究经验的基础上，筛选出具有相当代表性、适用于各核算指标价格计算且科学合理的定价方法。

根据生态经济学、环境经济学和自然资源经济学的研究成果，城市 GEP 核算指标定价的基本方法主要分为 3 类：直接市场法、替代市场法和假想市场法。

3.5.2.1　生态产品价格数据

生态产品价格可采用相应年份的价格统计年鉴中的产品价格。如果价格统计年鉴中没有，可采用该产品在批发市场的平均批发价格进行计算。

3.5.2.2　生态调节服务价格数据

由于生态调节服务值的计算大部分采用替代市场的方法，因此生态调节服务价格多为替代价格。

（1）土壤保持价格数据

土壤保持功能中的保肥价格采用各类化肥的平均市场价格，该价格数据可采用国家发展和改革委员会（简称国家发展改革委）价格监测中心公布的数据。减轻泥沙淤积价格采用水库建设单位库容的投资费用，价格数据可参考《森林生态系统服务功能评估规范》，并根据核算当年度的生产总值指数进行调整。

（2）涵养水源价格数据

涵养水源价格采用水库建设单位库容的投资费用，价格数据可参考《森林生态系统服务功能评估规范》，并根据核算当年度的生产总值指数进行调整。

（3）净化水质价格数据

净化水质价格采用污水处理费，可采用国家发展和改革委员会价格监测中心公布的大中城市服务收费平均价格数据。

（4）固碳释氧价格数据

固碳释氧功能包括固定二氧化碳和生产氧气。固碳价格采用瑞典的碳税率价格，具体可参考相关资料文献，并根据核算当年度的人民币平均汇率进行调整；释氧价格采用当地工业制氧的平均成本计算，包括设备折旧费、设备运行费、人力资源费和场地租用费，费用数据来源于相关市场调查。

（5）净化大气价格数据

净化大气功能包括生产负离子、吸收污染物和滞尘。生产负离子价格参考《森林生态系统服务功能评估规范》中生产负离子的费用计算方法，以负离子发生机生产负离子的费用来计算，并根据核算当年度的价格指数进行调整；吸收污染物价格采用当地污染物的平均治理费用计算，费用数据来源于相关市场调查和价格信息网站；滞尘价格采用当地工业削减粉尘的费用，费用数据来源于相关市场调查和价格信息网站。

（6）降低噪声价格数据

降低噪声价格采用当地平均造林成本计算，成本数据通过市场调查获取。

（7）调节气候价格数据

调节气候价格参考电价目表，取普通工商业及其他用电的平期电价进行计算，价格数据可采用国家发展和改革委员会价格监测中心公布的大中城市服务收费的平均价格。

（8）洪水调蓄价格数据

洪水调蓄价格采用水库建设单位库容的投资费用，价格数据可参考《森林生态系统服务功能评估规范》，并根据核算当年度的生产总值指数进行调整。

（9）维持生物多样性价格数据

维持生物多样性价格采用当地单位面积建设用地的土地价值，数据来源于当地土地房产交易中心。

3.5.2.3　生态文化服务价格数据

生态文化服务功能包括生态景观的休闲游憩和景观贡献，该部分主要采用模拟市场法和防护费用法进行计算。

休闲游憩价格采用生态景观的门票价格和消费者对生态景观休闲游乐功能的支付意愿来计算，门票价格数据由相应市场监管部门或物价部门提供，支付意愿数据来源于问卷调查。

3.5.2.4　大气环境维持与改善价格数据

大气环境维持与改善功能包括大气环境维持和大气环境改善。大气环境维持价格采用大气污染治理成本来计算，该数据来源于市场调查；大气环境改善价格采用居民对大气质量改善的支付意愿来计算，该价格数据来源于问卷调查。

3.5.2.5　水环境维持与改善价格数据

水环境维持与改善功能包括水环境维持和水环境改善。水环境维持价格采用水污染治理成本来计算，该数据来源于市场调查；水环境改善价格采取差异化定价形式，根据污水处理厂将污水净化处理达到某类水平所需要的处理成本来替代计算，污水处理成本数据来源于市场调查。

3.5.2.6　土壤环境维持与保护价格数据

土壤环境维持与保护价格可参考污染土地单位治理成本来计算，治理成本数据参照目前国内外较为认可的土地污染治理案例中所花费的单位治理成本，并结合相关市场调查来确定。

3.5.2.7　生态环境维持与改善价格数据

生态环境维持与改善功能包括生态环境维持和生态环境改善。生态环境维持价格采用裸土地复绿成本和造林成本来计算，裸土地复绿成本参照国内较为认可的复绿行动工程成本，并根据核算当年度的价格指数进行调整；造林成本数据由林业主管部门提供。生态环境改善价格为根据使用年限或维护年限进行折旧处理后的生态环境建设投入。

3.5.2.8　声环境价格数据

一个区域最终表现出的声环境价值应该是声环境应能创造的总价值减去噪

声污染损失后所得的价值，噪声污染损失可根据个人对声环境服务的支付意愿来计算。参考前人的研究成果，声环境服务的支付意愿约等于个人的人均可支配收入的 5%，因此，可以人均可支配收入的 5% 作为声环境价格来计算，数据可查询当地统计年鉴获取。

3.5.2.9 环境健康价格数据

由于关于水污染对人体健康损害的剂量 - 响应关系尚不明确，建议当前城市 GEP 核算主要核算环境空气健康价值。可从空气污染对人体健康造成经济损失的角度来反推出环境健康价值。健康经济损失可以从两方面来考虑，一是由空气污染导致发病率（致病率）增加而产生的居民医疗费、误工费的损失，二是由空气污染导致居民寿命减短而造成的损失。居民医疗费数据可查询统计年鉴获取，误工费数据来源于市场调查；空气污染使居民寿命减短而造成的损失参考相关研究，以"统计意义上的生命价值"（value of statistical life，VSL）来表示，VSL 可根据本地区居民人均可支配收入计算得到，人均年收入数据来源于统计年鉴。

3.5.3 单位价格修正

3.5.3.1 价格修正方法

在核算某年的城市生态系统生产总值时，如果部分产品或功能要素不能获得同年的单位价格或单位成本，则宜采用相邻年份的单位价格或单位成本进行替代，可根据本地区消费价格指数或生产总值指数进行修正，按照修正公式进行计算。此时，公式中的"需修正年份"即为核算年份。

对于自然生态系统价值核算中的生态产品的单位价格，宜采用消费价格指数进行修正。根据统计年鉴，以居民消费价格总指数作为消费价格指数进行修正。

对于自然生态系统价值核算中的生态调节服务、生态文化服务和人居环境生态系统价值核算的单位价格，宜采用生产总值指数进行修正。根据统计年鉴，以生产总值指数进行修正。

$$PP_1 = PP_2 \cdot \frac{CPI_1}{CPI_2} \qquad (1\text{-}3\text{-}4)$$

式中，PP_1 为需修正年份的单位价格；PP_2 为基期年份的单位价格；CPI_1 为需修正年份的消费价格指数（以基期年份为 100）；CPI_2 为基期年份的消费价格指数。

$$PC_1 = PC_2 \cdot \frac{GDPI_1}{GDPI_2} \qquad (1\text{-}3\text{-}5)$$

式中，PC_1 为需修正年份的单位价格；PC_2 为基期年份的单位价格；$GDPI_1$ 为需修正年份的生产总值指数（以基期年份为 100）；$GDPI_2$ 为基期年份的生产总值指数。

3.5.3.2 价格修正频率

进行价格修正有助于反映经济社会发展对不同时期价格的影响，显示所在时间阶段的物价水平，保证生态系统价值核算结果的合理性。但为了降低纯粹价格原因对核算结果的影响，增强一定时间段核算结果的可比性，价格修正频率不宜过快。考虑到价格数据获取的复杂性和困难度，建议每 3 ～ 5 年进行一次价格修正。

盐田区城市 GEP 核算体系

4.1 盐田区现状分析

根据《深圳市盐田区统计年报》（深圳市盐田区统计局，2013）中的自然概述，深圳市盐田区位于深圳东部，距市中心 12km，东起大鹏湾背仔角，南靠香港新界，西连罗湖区莲塘，北邻龙岗区。地理坐标为 22°32′N，114°13′E。辖区面积为 74.63km²，基本生态控制线内面积为 51.40km²，占总面积的 68.87%；海岸线长 19.5km，其中可供兴建深水泊位的海岸线长 6.7km。

盐田区经济基础扎实，生态环境优美，自然禀赋优越。历届政府均高度重视其生态建设，2008 年获评华南地区首个国家生态区，2013 年初印发了《关于建设国家生态文明示范区的决定》（深盐发〔2013〕1 号），明确了放弃片面追求 GDP，转向注重公众生态红利的执政思路。为了深入贯彻党中央关于完善发展成果考核评价体系的精神，盐田区委区政府率先在《盐田区生态文明建设中长期规划（2013—2020 年）》中明确提出建立 GEP 核算机制，并将其作为特色指标纳入生态文明建设指标体系和生态文明建设考核内容，以提高管理者和全社会对 GEP 的认识，重视 GEP 核算与管理运用，纠正单纯以经济增长速度评定政绩的偏向。

4.1.1 自然生态

根据盐田区政府在线网站的盐田区自然资源基本情况介绍（http://www.yantian.gov.cn/），盐田区地势北高南低，属低山丘陵海滨地区。自然环境优美，地理位置优越，背山面海，北部为梧桐山和梅沙尖，顶峰海拔 885m，自然地貌以裸露的基岩和山林为主。地形基本由北面的山地地貌带和南面的海岸地貌带组成。山地地貌由高至低依次为低山、高丘陵及低丘陵。海岸地貌带分布在大鹏湾北侧，主要为山地海岸类型，岬角海湾相间。前者崖高、坡陡，海蚀地貌较发育；后者主要由沙滩、砂堤、潟湖平原组成，构成了基岩 - 砂砾质海岸。地质较古老，基岩多为花岗岩。形成土壤为赤红壤，土壤有机质少，砂粒多；山地土壤以薄土层为主，腐殖质层薄。

气候类型属亚热带海洋性气候，常年主导风向为东北偏北，年平均温度 22℃，年累计平均降雨量 1500 ～ 2500mm。降雨量年内分配不均，每年 5 ～ 9 月为雨季，枯水期（10 月至次年 4 月）仅占降雨量的 10% 左右。

盐田区屏山傍海，自然环境得天独厚。西北部梧桐山风景区植被茂密、溪涧众多、景色迷人，林地面积达 8.49km²，主要水库有正坑、恩上水库，库容量 63 万 m³。中北部梅沙尖峰峦秀丽、云雾缭绕，林地面积 22.8km²，主要水库有上坪、叠翠湖、红花坜、三洲塘、骆马岭、小三洲、大水坑、望基湖等，库容量

710 万 m³。南部海岸蜿蜒曲折，海岸线长 19.5km，沙滩、岛屿错落，海积海蚀崖礁散布其间。海域辽阔，可建深水港。

盐田区内除大、小梅沙和盐田的冲积台地为建成区（2013 年建成区面积 19.88km²）外，大部分为山林，区内宜林宜草面积为 44.86km²，林草保存面积为 41.50km²，因此区内林草保存面积占宜林宜草面积的 92.5%。盐田区植被丰富，次生植被为季风常绿阔叶林等。据不完全统计，共有植物 212 科 704 属 1297 种。其中以热带区系成分所占的比例较高，常见的科有樟科、茶科、桃金娘科、野牡丹科、梧桐科、大戟科、蔷薇科、金缕梅科、壳斗科、桑科、冬青科、芸香科、菊科、兰科、莎草科和禾本科等，并分布有红树科、金虎尾科、山柑科、肉实科、花柱草科、棕榈科和露兜树科等典型的热带科。另外，还发现了刺桫椤、穗花杉、白桂木、土沉香、粘木、福建观音座莲等珍稀、濒危物种。野生动物资源也比较丰富，有 24 目 64 科 196 种，国家重点保护野生动物有蟒蛇、鸢、赤腹鹰、褐翅鸦鹃、穿山甲、小灵猫等。

盐田区水产资源极为丰富，有鲤、兰圆鲹、金色小沙丁鱼、金钱鱼、大眼鲷、带鱼、三刺鲷、盲曹鱼和鲈等 40 余种名贵鱼种，还有虾、蟹、贝类和藻类 10 多种。

4.1.2　经济社会

根据盐田区政府在线网站的盐田区城市建设基本情况介绍（http://www.yan-tian.gov.cn/），盐田区于 1997 年 10 月经国务院批准设立，1998 年 3 月正式挂牌，现辖沙头角、海山、盐田、梅沙 4 个街道办事处，东和、海涛、永安、滨海等 18 个社区工作站。全区 2013 年末常住人口 21.39 万人，人口密度 2945 人 /km²，处于较低水平。其中，户籍人口 5.50 万人，占常住人口的 25.7%；非户籍人口 15.89 万人，占 74.3%。

根据《盐田区 2013 年国民经济和社会发展统计公报》，2013 年实现全区生产总值 408.51 亿元，比上年增长 10.1%。根据常住人口计算的人均生产总值为 191 552 元，比上年增长 9.3%，按中国人民银行公布的平均汇率计算，人均生产总值为 30 929 美元；地区生产总值地均集约度为 5.47 亿元 /km²，增长 11.7%。三次产业结构为 0.01∶20.14∶79.85。全年完成区级财政总收入 33.79 亿元，其中公共财政预算收入 23.35 亿元。盐田万元 GDP 建设用地为 4.82m²，下降 3.9%；万元 GDP 电耗为 222.07kW·h（按售电量计算），下降 10.5%。万元 GDP 能耗与水耗分别为 0.45t 标准煤和 6.22m³，分别下降 4.4% 和 9.9%，处于全国领先水平。

盐田区第三产业发达，约占全区 GDP 的 80%。辖区内有四大国际深水中转港之一——盐田港，2013 年港区集装箱吞吐量达 1080 万 TEU[①]，占了深圳港集装

---

①　TEU：twenty equivalent unit，标准箱

箱吞吐量的半壁江山。辖区还有我国第一家出口加工保税区——沙头角保税区，有定位于保税自由贸易区的盐田港保税物流园区，另外还有一街两制的中英街。盐田已形成"山、海、城、港"系列优美风光，旅游资源丰富。"梧桐烟云"和"梅沙踏浪"位列市民评选的"深圳八景"之中；东部华侨城，大、小梅沙，19.5km 滨海栈道等生态旅游区，每年都吸引大量游客前往。其中，海滨栈道荣获住房和城乡建设部（简称住建部）"部市共建国家低碳生态示范项目"称号；东部华侨城荣获国家 4A 级旅游景区称号，成为广东省首个"国家级旅游度假区"。

4.1.3　环境质量

盐田城区环境在生态建设中持续优化。先后出台了《关于加强环境保护建设生态文明城区的决定》《关于建设国家生态文明示范区的决定》等政策措施，编制了生态文明建设中长期规划、生态文明建设考核制度和三年行动方案，生态建设成效显著。2008 年建成华南地区首个"国家生态区"，2013 年成功创建华南地区首个"国家水土保持生态文明区"，公共自行车慢行交通系统和餐厨垃圾无害化处理、资源化利用项目荣获"广东省宜居环境范例奖"。根据《盐田区 2013 年生态环境质量分析报告》[1]，具体分析盐田区的生态环境质量现状。

4.1.3.1　空气环境

根据《深圳市盐田区环境质量分析报告》（2013 年度），2013 年盐田区环境空气质量指数（air quality index，AQI）范围在 22 ～ 148，达到 I 级（优）的天数为 135 天，达到 II 级（良）的天数为 205 天，合计占全年总天数的 93.15%，空气质量优良天数较上一年增加 4 天，优良率提高 1.35%。空气质量为 III 级（轻度污染）的天数有 25 天，占 6.85%，主要超标污染物为 $PM_{2.5}$ 和 O_3，分别超标 18 天和 5 天。CO、SO_2 全年均无超标情况，PM_{10} 和 NO_2 超标天数较少。O_3 和 $PM_{2.5}$ 超标具有明显的季节性特征，O_3 超标主要集中在 7 ～ 10 月，$PM_{2.5}$ 超标主要集中在 1 ～ 4 月和 10 ～ 12 月。

2013 年盐田区空气污染物平均浓度较 2012 年变化不大，除 SO_2、PM_{10}、CO 浓度有所上升外，其他因子污染浓度均呈下降趋势。其中，$PM_{2.5}$ 浓度下降 3.8%。2013 年盐田区空气污染物平均浓度变化情况见表 1-4-1。

4.1.3.2　水环境

盐田河是盐田区的主要河流，监测断面位于盐田河流经的双拥公园。2013 年盐田河水质达到《地表水环境质量标准》（GB 3838—2002）V 类标准，除挥

---

① 内部资料

发酚以外，其他各项指标均达地表水Ⅱ类标准。

表 1-4-1　2013 年盐田区空气污染物平均浓度

监测站点		监测结果					
		SO$_2$（μg/m³）	NO$_2$（μg/m³）	PM$_{10}$（μg/m³）	CO（mg/m³）	PM$_{2.5}$（μg/m³）	O$_3$(8)（μg/m³）
盐田子站		17.87	42.18	56.41	1.04	35.59	87.08
梅沙子站		8.86	26.56	51.9	1.44	35.29	72.23
2013 年全区均值		13.26	33.99	54.81	1.24	35.58	79.85
2012 年全区均值		12	36	46	1.012	37	93
同比变化		1.26	−2.01	8.81	0.228	−1.42	−13.15
《环境空气质量标准》（GB 3095—2012）二级标准	年平均	60	40	70	—	35	—
	24h 平均	150	80	150	4	75	—
	小时平均	500	200	—	10	—	200

注：O$_3$(8) 表示 8h 浓度均值。

2013 年度盐田河双拥公园断面监测数据的达标情况及主要污染物如表 1-4-2
所示。

表 1-4-2　2013 年度盐田河水质达标情况及主要污染物

月份	河流水质达标情况	主要污染物	平均综合污染指数
1	Ⅴ类	挥发酚	0.083
3	Ⅴ类	挥发酚、化学需氧量、生化需氧量	0.12
5	Ⅱ类	—	0.069
7	Ⅱ类	—	0.107
9	Ⅱ类	—	0.059
11	Ⅴ类	挥发酚、高锰酸盐指数、生化需氧量	0.087

2013 年盐田河水质平均综合污染指数较 2012 年明显上升，从 2012 年的
0.056 升至 2013 年的 0.081，上升幅度高达 45.6%，主要上升指标为高锰酸盐指
数（2.31mg/L）、生化需氧量（2.03mg/L）、硒（0.0008mg/L）、砷（0.0016mg/L）、
挥发酚（0.013mg/L），分别同比上升 46.2%、202.99%、60%、77.78%、1200%。
盐田区集中式饮用水源水质达标率为 100%。

4.1.3.3　近岸海域

盐田区近岸海域共有两个常规水质监测点，分别是小梅沙湾口和沙头角湾
口。2013 年，小梅沙湾口近海水质达到《海水水质标准》（GB 3097—1997）第
二类标准，沙头角湾口近海水质达到《海水水质标准》（GB 3097—1997）第三

类标准。2013 年小梅沙湾口大多数水质指标较 2012 年有所下降，年均浓度同比上升的水质指标有无机氮（38.98%）、铜（22.55%）；2013 年沙头角湾口大多数水质指标较 2012 年有所下降，年均浓度同比上升的水质指标有汞（50%）。

4.1.3.4　声环境

（1）区域噪声

按照深圳市集中连片建成区内 1800m×1800m 网格噪声监测布设方案，盐田区共有区域环境噪声监测点位 5 个，其中 2 类标准适用区域 1 个，3 类标准适用区域 4 个，达标率为 100%（表 1-4-3）。

表 1-4-3　2013 年盐田区区域环境噪声超标情况

监测区域	监测点位个数	噪声均值	达标率（%）	超标≤ 5dB 监测点位数
2 类标准适用区域	1	53.4	100	0
3 类标准适用区域	4	57.1	100	0
全区	5	56.3	100	0

（2）交通噪声

全区设立有明珠大道、北山大道、东海大道等 6 个道路交通监测点。2013 年，盐田区道路交通噪声平均值为 69.08dB，道路交通噪声质量为良，达到国家《声环境质量标准》（GB 3096—2008）4 类标准。详细监测情况见表 1-4-4。

表 1-4-4　2013 年盐田区道路交通噪声监测情况

道路	总路段长（m）	平均路宽（m）	平均车流量（辆 /h）	LAeq（dB）	质量等级
明珠大道	2130	51	624	69.7	良
北山大道	3370	55	1320	68.8	良
东海大道	3500	23	780	69.3	良
沙深路	1400	24	1356	69.2	良
沙盐路	650	24	1116	68.0	优
深盐路	7000	42	1380	69.0	良

注：LAeq 表示等效声级。

（3）功能区噪声

盐田区共有鹏湾二村、太古物流仓两个功能区噪声监测点位，分别位于 2 类功能区和 3 类功能区内。2013 年，鹏湾二村昼间达标率为 75%，夜间达标率为 100%；太古物流仓昼间达标率为 100%，夜间达标率为 50%，达标情况详见表 1-4-5。

表 1-4-5　2013 年盐田区功能区噪声监测点位达标情况

统计指标	功能区			
	鹏湾二村（2 类）		太古物流仓（3 类）	
	昼	夜	昼	夜
第一季度均值（dB）	61.5	41.7	55.9	50.9
第二季度均值（dB）	56.6	46.4	56.1	50.8
第三季度均值（dB）	59.9	49.1	60.7	56.3
第四季度均值（dB）	55.2	48.8	59.8	56.4
《声环境质量标准》（GB 3096—2008）（dB）	60	50	65	55
全年达标率（%）	75	100	100	50

4.1.4　生态资源变化分析

根据 2013 年深圳市生态资源测算成果，2013 年盐田区生态资源状况指数为 57.27，等级为"良"；与 2012 年相比，减少了 0.60。盐田区 2013 年植被、水域、建设用地和未利用地面积分别为 48.69km²、24.18km²、22.43km² 和 3.61km²（图 1-4-1），与 2012 年相比，植被、水域面积均有所下降（图 1-4-2 ～图 1-4-5），建设用地和未利用地面积整体增加。

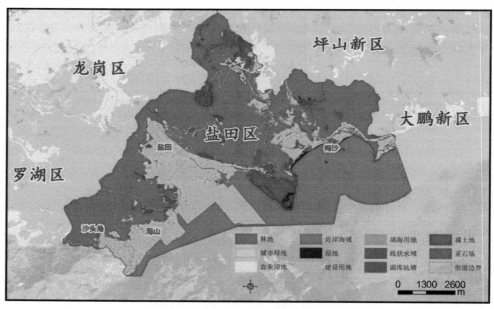

图 1-4-1　盐田区 2013 年生态资源状况遥感解译图（彩图请扫封底二维码）

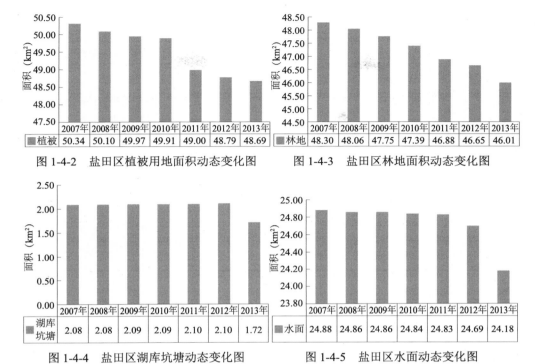

图 1-4-2　盐田区植被用地面积动态变化图　　图 1-4-3　盐田区林地面积动态变化图

图 1-4-4　盐田区湖库坑塘动态变化图　　　图 1-4-5　盐田区水面动态变化图

　　自 2007 年以来，盐田区生态资源状况整体呈缓慢下降的趋势，2007 ～ 2013 年林地等植被面积共减少了 1.65km²，包括近岸海域在内的水面面积共减少了 0.70km²，这与盐田区城市发展消耗生态资源直接相关。

4.2　盐田区城市 GEP 核算指标体系研究

　　建立科学的、合理的核算指标是进行城市生态系统生产总值核算的基础，这关系到整个城市生态系统价值评估的可行性和准确性。由于城市生态系统和自然生态系统之间、不同地域的城市生态系统之间存在差异性，不能简单照搬，因而我们立足盐田区城市生态系统现状特征，在前面建立的城市 GEP 核算指标体系上做一些修正，从大自然表现出的生态系统服务，通过人为生态建设和环境管理等实现生态环境的维护与改善这两方面对城市生态系统各类功能的价值进行量化评估，从而建立符合盐田区生态人文特征的城市 GEP 核算指标体系。

4.2.1　盐田区城市 GEP 核算指标体系构建原则

建立盐田区城市 GEP 核算指标体系需遵循以下原则（靳芳等，2005）。

（1）科学性原则

盐田区城市 GEP 核算指标的选取必须符合城市生态系统保护的内涵和全面反映城市生态系统资源的特征。各指标必须要有明确的界定并具备科学依据。对于存在疑问的核算指标，可参考其他地区同等类型生态系统的服务功能指标及可持续发展评估指标来确定。

（2）整体性原则

从整体上看，城市生态系统是一个多层次、具有多变性和高复杂度的开放性系统。每个城市生态系统都具有某种独有的特征，因此，城市生态系统生产总值的核算指标必须能反映区域功能的特性，而且要兼顾自然系统与社会经济系统的整体性和协调性。

（3）简明性原则

当前许多生态系统评价指标设置了多个指标以求体现完整的无缺漏的产品和功能描述。然而，繁杂的指标体系给数据收集和处理工作带来了极大的麻烦。而且，各指标所涵盖的内容可能发生重叠，使得核算价值被放大，降低了指标体系的适用性。因而，本研究在不影响城市生态系统功能完整性的前提下尽可能地精简指标。

（4）可操作性原则

核算指标的设置应通俗易懂、易于操作，尽量选取可通过遥感影像解译或实际勘测获得数据的指标。

（5）独立性原则

在设计核算指标时，必须使各指标所涵盖的内容不重复，以及使指标间不存在很强的相关性，以确保每个指标能够发挥独特的功能和作用。

4.2.2　自然生态系统价值分析

基于盐田区自然资源实际情况，可将盐田区自然生态系统分为林地、湿地、河流湖库、近岸海域、城市绿地及未利用地 6 个类型，根据各个自然生态系统的生产总值来衡量和展示盐田自然生态状况，评估盐田生态系统为人类提供的福祉及对城市发展的支撑作用。各自然生态系统所包含的产品及服务见表 1-4-6。

表 1-4-6　盐田区各自然生态系统所包含的产品及服务

产品及服务的类型		林地	湿地	城市绿地	河流湖库	近岸海域	未利用地
生态产品	茶叶	√					
	普通木材	√	√	√			
	苗木	√		√			√
	古树名木	√					
	盆栽	√		√			
	淡水资源		√		√		
	水产品				√	√	
生态调节服务	土壤保持	√	√	√			
	涵养水源	√	√	√			√
	净化水质	√	√	√			
	固碳释氧	√	√	√		√	
	净化大气	√	√	√			
	降低噪声	√		√			
	调节气候	√	√	√	√	√	
	洪水调蓄				√		
	维持生物多样性	√	√	√	√	√	√
生态文化服务	文化服务	√	√	√	√		

注：√表示该生态系统包含此产品或服务。

（1）林地

林地指风景名胜区、水源保护区、郊野公园、森林公园、自然保护区、风景林地等。盐田区林地面积为 46.01km²，森林覆盖率为 65.55%，次生植被为季风常绿阔叶林、常绿灌木丛等。

（2）湿地

盐田区的湿地主要分布在盐田河出海口及东部华侨城，有少量湿地分布在原大梅沙河出海口（游艇会处），湿地的总面积为 0.69km²。

（3）河流湖库

盐田区的河流属于大鹏湾水系，辖区控制流域面积大于 20km² 的河流有 1 条，为盐田河；控制流域面积为 5～10km² 的河流有 1 条，为小梅沙河；控制流域面积为 1～5km² 的河流有 16 条，分别为沙头角河右支、沙头角河、海山涵、8 号涵、10 号涵、望箕湖水、盐田河永安路排洪渠支流、盐田河永安北三街支流、盐田河永安北一街支流、盐田河东海道支流、骆马岭水、大三洲塘水、大水坑、大梅沙河、陈坑村山沟、深坑水。盐田区的湖泊主要是指盐田区内社区公园、综合公园中的湖泊。截至 2013 年年底，盐田区共有蓄水水库 10 座，其中供水水库 6 座，包括由市里直接管理的三洲田水库。

（4）近岸海域

盐田区近岸海域面积可通过遥感图像解译得到，近岸海域面积为 25.61km²。

（5）城市绿地

城市绿地是城市生态系统的重要组成部分。本研究中的城市绿地主要包括公园绿地、居住区绿地、公共绿地、防护绿地及城市绿道。其中，公园绿地和城市绿道占有较大的比例。这类生态系统能发挥防洪固土、清洁水源和净化空气的作用，可以为植物生长和动物繁衍栖息提供充足空间，有助于更好地保护自然生态环境；同时，也可以作为都市地区的通风系统，缓解热岛效应。根据《盐田区2013 年生态资源状况分析》[1]，2013 年盐田区城市绿地面积为 2.57km²，占地率为 3.58%，比上年略有增长。根据《盐田区 2013 年国民经济和社会发展统计公报》，盐田区已建成 253.3km 绿道，其中省立绿道 33.8km，海滨栈道 19.5km，社区绿道 58.5km，登山道 141.5km。

（6）未利用地

本研究中的未利用地主要指裸土地，即由地表土质覆盖，植被覆盖度在 5% 以下的土地。根据遥感数据分析，盐田区裸土地面积为 3.48km²。

4.2.3 人居环境生态系统价值分析

城市生态系统中的人居环境生态系统价值体现的是通过人为参与的生态建设和环境管理等实现人居生态环境的维护与改善所具有的经济价值，主要以环境要素进行分类。除了上一章中列出的几个核算指标外，考虑到盐田区节能减排和合理处置固废方面的工作特色及环境管理的实际需要，增加这两个方面。盐田区人居环境生态系统价值包括以下几个方面。

（1）大气环境维持与改善

大气环境维持与改善指有意识地保护大气资源并使其得到合理利用，使其长期处于一种良好的生存和发展状态，防止其受到污染和破坏。本研究基于极端假设的情况去核算环境维持价值量，以居民对大气环境改善的支付意愿去核算环境改善价值量。

（2）水环境维持与改善

水环境维持与改善指按照可持续发展战略和系统科学思想，实施生产过程控制和末端治理相结合、开发与保护相结合的管理模式，对水环境实施综合整治，使水环境维持在较好状态所具有的价值。

---

① 内部资料

（3）土壤环境维持与保护

本研究从土壤污染修复治理成本的角度考虑，来表示土壤环境质量维持在一定状态所具有的价值。

（4）生态环境维持与改善

生态环境广义上是指由生物群落及非生物自然因素组成的各种生态系统所构成的整体，在本研究中是从生态环境建设和生物资源恢复的角度出发，来计算生态环境维持与改善价值。

（5）声环境价值

声环境价值指声环境为人提供的舒适性服务的价值。

（6）合理处置固废

有效地管理城市固体废物的排放与处理，能够减少由固废处置不当引起的水源污染、土壤污染和生态环境破坏。在源头上减少固废的排放，对固废采取合适的处理处置措施，将固废转化为可循环、可补充的再生资源，都是管理城市固废的有效方法。

（7）节能减排

节能减排主要体现在城市中一系列污染物减排和碳减排这两方面。一般可以通过结构减排、工程减排和替代减排等途径来实现减排目标。结构减排是指采取政府"赎买"的措施，淘汰高污染低效能的落后企业，使污染物排放量减少；工程减排是指通过建设污水处理厂、固废回收处理厂及燃煤电厂脱硫设施等环保设施，来控制污染物排放量；替代减排是一种使用清洁能源或其他"绿色"方式来替代原有的高污染排放生产模式的减排方式。盐田区主要以工程减排和替代减排这两种模式来减少环境污染物与二氧化碳的排放量，如倡导使用绿道自行车、推广液化天然气（liquefied natural gas，LNG）拖车等措施来达到碳减排的目的。

（8）环境健康

环境健康指由于城市大气、饮用水等环境质量改善，生活在该环境中的人群身心健康程度得以提高的表现。这种环境健康效益一般反映在致病率、死亡率的降低和公众医疗消费的减少上。本研究中，考虑到水环境质量与人体健康之间的直接关系尚不明确，仅核算大气环境质量改善的健康效益，主要以由大气质量改善导致发病率、死亡率降低而产生的经济效益来衡量环境健康价值。

4.2.4　构建盐田区城市 GEP 核算指标体系

充分借鉴国内外生态系统服务功能的研究成果，以城市可持续发展指标、生态城市指标、生态系统生产总值指标等为经验参考，结合专家咨询意见，在城市生态系统功能和特征的基础上，构建盐田区城市 GEP 核算指标体系（表 1-4-7）。

表 1-4-7 盐田区城市 GEP 核算指标体系

项目	一级指标	二级指标	三级指标	核算内容
城市生态系统生产总值	自然生态系统价值	生态产品	农业产品	农业产品价值
			林业产品	林业产品价值
			渔业产品	渔业产品价值
			淡水资源	淡水资源价值
		生态调节服务	土壤保持	保持土壤肥力价值和减轻泥沙淤积价值
			涵养水源	涵养水源价值
			净化水质	净化水质价值
			固碳释氧	生态系统固碳价值和释氧价值
			净化大气	生产负离子价值、吸收污染物价值和滞尘价值
			降低噪声	生态系统降低噪声价值
			调节气候	植物蒸腾价值和水面蒸发价值
			洪水调蓄	湖泊调蓄价值和水库调蓄价值
			维持生物多样性	维持生物多样性价值
		生态文化服务	文化服务	景观的观赏游憩价值和景观贡献价值
	人居环境生态系统价值	大气环境维持与改善	大气环境维持	大气环境维持价值
			大气环境改善	大气环境改善价值
		水环境维持与改善	水环境维持	水环境维持价值
			水环境改善	水环境改善价值
		土壤环境维持与保护	土壤环境维持与保护	土壤环境维持与保护价值
		生态环境维持与改善	生态环境维持与改善	生态环境维持与改善价值
		声环境价值	声环境价值	声环境舒适性服务价值
		合理处置固废	固废处理	固废处理价值
			固废减量	固废减量价值
			固废资源化利用	固废资源化利用价值
		节能减排	污染物减排	污染物减排价值
			碳减排	碳减排价值
		环境健康	环境健康	环境健康价值

4.2.4.1 自然生态系统价值核算指标

自然生态系统价值包括生态产品价值、生态调节服务价值和生态文化服务价值 3 类。

（1）生态产品价值核算指标

生态产品包括自然生态系统提供的可为人类直接利用的食物、木材、淡水资源等自然产品。各产品类型的核算指标可见表 1-4-8。

表 1-4-8　盐田区生态产品核算指标

项目	核算指标
农业产品	茶叶产量
林业产品	普通木材、苗木、盆栽的产量
渔业产品	淡水养殖产品、海产品及其产量
淡水资源	农业灌溉用水量
	工业用水量
	居民生活用水量
	城市公共用水量
	生态环境用水量

（2）生态调节服务价值核算指标

参考欧阳志云等（2013）的相关研究和国家林业局（2008）技术标准中的生态系统服务类型，可将盐田区生态系统服务功能划分为土壤保持、涵养水源、净化水质、固碳释氧、净化大气、降低噪声、调节气候、洪水调蓄、维持生物多样性 9 个方面。各服务功能类别和服务功能核算指标可见表 1-4-9。

表 1-4-9　盐田区生态调节服务功能核算指标

服务功能类别	核算指标
土壤保持	保肥
	减轻泥沙淤积
涵养水源	调节水量
净化水质	净化水质
固碳释氧	固碳
	释氧
净化大气	吸收污染物
	生产负离子
	滞尘
降低噪声	降低噪声
调节气候	植物蒸腾
	水面蒸发
洪水调蓄	湖泊调蓄
	水库调蓄
维持生物多样性	物种保育

（3）生态文化服务价值核算指标

在生态文化服务价值核算指标部分，主要考虑盐田区生态景观和滨海景观的观赏游憩价值及生态景观对社会的贡献价值。

4.2.4.2 人居环境生态系统价值核算指标

在本研究中，参考赵煜等（2009）、夏丽华和宋梦（2002）的相关研究来确定盐田区的人居环境生态系统价值核算指标。可将盐田区城市生态系统中的人居环境生态系统价值核算指标分为大气环境维持与改善、水环境维持与改善、土壤环境维持与保护、生态环境维持与改善、声环境价值、合理处置固废、节能减排和环境健康这 8 个类型。具体的核算内容描述和核算指标见表 1-4-10。

表 1-4-10 盐田区人居环境生态系统价值核算指标

核算内容	核算内容描述	核算指标
大气环境维持与改善	表征大气环境质量维持在达标状态所具有的价值和通过人为努力使大气环境改善增加的价值	大气环境维持 大气环境改善
水环境维持与改善	表征水环境质量维持在达标状态所具有的价值和通过人为努力使水环境改善增加的价值	水环境维持 水环境改善
土壤环境维持与保护	表征土壤环境质量维持在一定状态所具有的价值	土壤环境维持与保护
生态环境维持与改善	通过外界的作用力或人为的努力，使生态环境质量向好的方向改变，并使其维持在良好水平所具有的价值	生态环境维持 生态环境改善
声环境价值	指声环境为人提供的舒适性服务的价值	声环境价值
合理处置固废	包括固废处理、固废减量和固废资源化利用产生的价值	固废处理 固废减量 固废资源化利用
节能减排	通过各种减排途径实现的污染物减排和碳减排价值	污染物减排 碳减排
环境健康	指城市生态环境质量对人体健康影响的价值	健康价值

盐田区城市 GEP 核算
与结果分析

城市生态系统生产总值包括两个部分，分别是自然生态系统价值和人居环境生态系统价值。自然生态系统价值主要以自然生态系统为人类福祉所提供的产品和服务来表现（食物、木材、水资源、固碳释氧、涵养水源），是对生态系统的服务和自然资本用经济法则所做的估算；人居环境生态系统价值是指生态环境作为公共商品所具有的经济价值，包括空气质量、水质量等的经济价值，以及环境改善作为社会福利的经济价值，在本研究中主要指通过生态建设和环境管理等实现生态环境的维护与改善所具有的经济价值。

5.1　自然生态系统价值核算方法

5.1.1　生态产品价值核算方法

生态产品是指生态系统为人类提供的最终产品，先分别核算各类产品的产量，再乘以各自的价格，进行加和得到生态系统产品的经济价值。

生态系统产品的产量可根据市场调查和统计得到直观的、准确的数据。生态产品的价格应采用各类产品批发市场的平均批发价格进行计算。农业产品的价格数据由盐田区经济促进局（简称经促局）提供；林业产品中普通成年树木、苗木、园艺作物的价格数据主要由盐田区城市管理局（简称区城管局）提供，古树名木的价格参考《北京市古树名木评价标准》计算获得；水产品的价格数据由盐田区经促局提供；水资源的价格数据由深圳市水务局提供，采用商建服务业用水的零售自来水价。

5.1.2　生态调节服务价值核算方法

盐田区生态调节服务功能包括土壤保持、涵养水源、净化水质、固碳释氧、净化大气、降低噪声、调节气候、洪水调蓄、维持生物多样性 9 个方面。分别核算各指标的功能量，确定各项功能的价格，进行加和得到生态调节服务的经济价值。

5.1.2.1　土壤保持功能核算

在本研究中，运用影子价格法和替代工程法从保持土壤肥力与减轻泥沙淤积两个方面来评价生态系统的土壤保持功能价值。

在评价土壤保持功能价值之前，首先需要计算土壤保持量。土壤保持量可用潜在土壤侵蚀量与现实土壤侵蚀量之差计算。潜在土壤侵蚀是指在没有地表覆盖因素和土地管理因素的情形下可能发生的土壤侵蚀，现实土壤侵蚀是指当前地表覆盖情形下的土壤侵蚀。

盐田区土壤主要为花岗岩风化的山地黄壤、红壤、赤红壤和滨海砂土，有机质含量中等，质地较粗，孔隙度大，疏松且通透性强。本区植物物种丰富，据初步调查，盐田区植被基本上呈现出与生境特征相符的规则均匀分布格局。以南亚热带季风常绿阔叶林和常绿灌草丛为主体植被景观，兼有保存和恢复较好、分布于沟谷的南亚热带沟谷雨林群落（蔡伟斌和李贞，2002）。

根据前人的研究经验，这里总结了两种较常用的土壤保持量计算方式：一是数学建模法，建立城市土壤侵蚀预测模型，通过城市化人为因子、降水及径流因子、土壤侵蚀因子、地形因子、地表植被覆盖因子等参数来计算年平均土壤侵蚀量（王小杰和李跃明，2009）；二是参考分析法，参考多个资料文献，查出深圳市盐田区生态系统类型，根据与华南地区相近的生态系统的参数来确定盐田区的平均土壤侵蚀量。第一种方式需要大量数据，计算公式较多，计算所用系数因存在地域差异而难以确定。而第二种方式计算较为简单，且方法直接，较为容易理解。

本研究采取参考分析法，参考《海南岛生态系统生态调节功能及其生态经济价值研究》（欧阳志云等，2004）中不同类型植被的平均土壤侵蚀量来直接确定盐田区的土壤侵蚀量。根据《深圳市盐田区植被格局分析》（蔡伟斌和李贞，2002），盐田区的主要植被类型为常绿阔叶林、常绿灌草丛和沟谷雨林。根据《盐田区 2013 年生态资源状况分析》得到盐田区各生态系统的占地面积。表 1-5-1 展示了盐田区不同生态系统的主要植被类型、面积、平均土壤侵蚀量、土壤保持量等信息。

表 1-5-1　深圳市盐田区不同类型生态系统土壤保持量

生态系统类型	主要植被类型	面积（km²）	平均土壤侵蚀量 [t/(hm²·a)]		土壤保持量（t/a）
			现实	潜在	
林地	常绿阔叶林	46.01	0.999 6	16.666 7	72 084.327
湿地	沟谷雨林	0.69	0.012 9	12.521 7	863.107
城市绿地	常绿阔叶林常绿灌草丛	2.57	0.718 4	10.905 6	2 618.110

注：城市绿地的平均土壤侵蚀量取常绿阔叶林和常绿灌草丛的土壤侵蚀量的平均值。

（1）保持土壤肥力

土壤营养物质保持量根据土壤保持量与土壤中 N、P、K 的含量进行估算。盐田区土壤主要为花岗岩风化的山地黄壤、红壤、赤红壤和滨海砂土。由于土壤中 N、P、K 含量数据缺乏，本研究采用蔡伟斌和李贞（2002）相关研究中不同土壤类型中 N、P、K 含量的加权平均值代替，其中 N 含量为 0.4375g/kg，P 含量为 0.11g/kg，K 含量为 18.2195g/kg。南方普遍使用的 N 肥为尿素，P 肥为过磷酸钙，K 肥为氯化钾，3 种肥料的平均售价分别为 2320 元 /t、760 元 /t、3490 元 /t（化肥价格来自广东省价格监测中心 2013 年数据）。

依据式（1-5-1）估算出盐田区不同生态系统保持土壤肥力价值：

$$E_f = \Sigma_i A_c \cdot C_i \cdot P_i \ (i = \text{N、P、K}) \tag{1-5-1}$$

式中，E_f 为保持土壤肥力价值（元 /a）；A_c 为土壤保持量（t/a）；C_i 为土壤中 N、P、K 的纯含量；P_i 为化肥平均价格（元 /t）。

（2）减轻泥沙淤积

减轻泥沙淤积灾害价值估算：按照我国主要流域的泥沙运动规律，全国土壤侵蚀流失的泥沙 24% 淤积于水库、河流、湖泊，而根据国家林业局（2008）发布的《森林生态系统服务功能评估规范》，我国 1m³ 库容的水库工程费用为 6.11元（以 2005 年的价格指数为标准），但由于该水库工程费用数据距 2013 年已有8 年，因此，考虑近年来我国经济的发展及国内人均消费水平的提高，将对此费用做一个修正。参考《中国统计摘要 2013》，2005 ~ 2011 年广东省地区生产总值平均以 17% 的幅度增加，结合 2005 年的水库工程造价及近年的经济增长率，将 1m³ 库容的水库工程费用修正为 18.34 元。参考《深圳市盐田区植被格局分析》（蔡伟斌和李贞，2002），广东省土壤的平均容重为 1.29t/m³。

根据蓄水成本来计算生态系统减轻泥沙淤积灾害的经济效益：

$$E_n = 24\% \cdot A_c \cdot \frac{C}{\rho} \tag{1-5-2}$$

式中，E_n 为减轻泥沙淤积灾害的经济效益（元 /a）；A_c 为土壤保持量（t/a）；C 为水库工程费用（元 /m³）；ρ 为土壤容重（t/m³）。

5.1.2.2　涵养水源功能核算

本研究采用水量平衡法计算生态系统涵养水源量，采用替代工程法，以水库工程成本确定价格，评价生态系统涵养水源的总价值：

$$W_f = R + I_w - E_r - O_w \tag{1-5-3}$$

$$E_w = W_f \cdot P \tag{1-5-4}$$

式中，W_f 为区域内总的水源涵养量（m³）；R 为年降水总量（m³）；I_w 为入境水量（m³）；E_r 为区域内年蒸发量（m³）；O_w 为出境水量（m³）；E_w 为水源涵养总价值量（元 /a）；

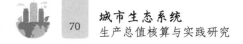

P 为建设单位库容的工程价格（元 /m³）。

水库的单位工程价格为 18.34 元 /m³。

5.1.2.3　净化水质功能核算

本研究采用替代工程法，以深圳市污水处理费用来确定生态系统净化水质的价格：

$$E_p=R \cdot S_g \cdot P_t \cdot 10 \tag{1-5-5}$$

式中，E_p 为生态系统净化水质价值；R 为年降水量（mm）；S_g 为植被覆盖面积（hm²）；P_t 为污水处理费用（元 /m³）。

根据《污水处理费收费标准》（2006）（详见 http://www.sz.gov.cn/gysyfw-zt/wsljcl/wsclf/201009/t20100925_1585572.htm），深圳特区内污水处理费用为 1.05 元 /m³。

5.1.2.4　固碳释氧功能核算

（1）固碳

本研究主要从林地、湿地、城市绿地和近岸海域 4 个方面计算盐田区生态系统碳固定的价值（石洪华等，2014）。

光合作用方程式如下：

6CO₂（264g）+6H₂O（108g） → C₆H₁₂O₆（108g）+6O₂（193g）→多糖（162g）

由上述方程式可知，植物生产 162g 干物质可吸收 264g CO₂，即生产 1g 干物质需要 1.63g CO₂，并释放 1.20g O₂，而干物质质量可根据植被净初级生产力（net primary productivity，NPP）计算，因此，植物固碳价值为生态系统干物质总量乘以固碳价格。

盐田区林地、湿地和城市绿地的净初级生产力（NPP）参考《海南岛生态系统生态调节功能及其生态经济价值研究》（欧阳志云等，2004），近岸海域的净初级生产力参考《中国近海生物固碳强度与潜力》（宋金明等，2008）中南海海域浮游植物的年初级生产力。固碳价格参考《森林生态系统服务功能评估规范》（LY/T 1721—2008），为 1200 元 /t。

（2）释氧

本研究主要从林地、湿地、城市绿地和近岸海域 4 个方面计算盐田区生态系统产生氧气的价值。

以植被净初级生产力为基础计算产生氧气的功能量。根据光合作用过程，每生产 1g 干物质需要 1.63g 二氧化碳，并释放 1.20g 氧气，氧的价格按照工业制氧价格计算。释氧价格参照《城市生态系统服务功能价值评估初探——以深圳市为例》，为 3000 元 /t。

5.1.2.5 净化大气功能核算

本研究主要考虑生态系统生产负离子、吸收污染物和滞尘的功能量与价值。

（1）生产负离子

绿地的一个重要作用在于能够产生大量空气负离子。一方面，绿色植物通过光合作用，释放氧气，氧气和水分子比氮气等更具有亲电性，优先形成空气负离子（金宗哲，2006）；另一方面，植物叶表面在短波紫外线的作用下发生光电效应，可以提高空气负离子浓度水平。有资料表明，空气负离子浓度达到 700 个 /cm^3 以上时有益于人体健康，当浓度达到 10 000 个 /cm^3 以上时对疾病有治疗效果（秦俊等，2008）。

$$U_A = 5.256 \times 10^{15} \cdot A \cdot H \cdot K_A \cdot Q_A / L \tag{1-5-6}$$

式中，U_A 为生态系统产生的负离子价值量（元 /a）；A 为生态系统面积（hm^2）；H 为植被高度（m）；K_A 为负离子生产费用（元 / 个）；Q_A 为负离子浓度（个 /cm^3）；L 为负离子寿命（min）。

根据《不同植被类型空气负离子状况初步调查》（刘凯昌等，2002），以常绿阔叶树种为主要植被类型的林地的空气负离子平均浓度为 2982 个 /cm^3。参考《植物群落对空气负离子浓度影响的研究》（秦俊等，2008）、《上海城市绿地空气负离子研究》（陈佳瀛等，2006）和《青岛市森林与湿地负离子的空间分布特征》（闫秀婧，2010），以常绿阔叶树种为主要植被类型的林地的空气负离子平均浓度为 1161 个 /cm^3，城市绿地的空气负离子平均浓度为 998 个 /cm^3，湿地的空气负离子平均浓度为 1409 个 /cm^3。林地和湿地的植被平均高度取 8m，城市绿地的植被平均高度取 4m。负离子寿命为 10min。

（2）吸收污染物

生产性污染和交通运输性污染是城市大气污染的主要来源，生产性污染指工业、农业生产过程中由于燃料燃烧而排放出的烟尘和废气，交通运输性污染指汽车、火车、轮船和飞机等交通运输工具排出的尾气，这两类污染产生的污染物中均含有大量的 SO$_2$、一氧化碳、NO$_x$ 和粉尘。绿色植物能通过吸收作用减少空气中的硫氧化物、NO$_x$、卤化物等有害物质的含量。在本研究中主要核算生态系统吸收 SO$_2$ 和 NO$_x$ 的价值量。

生态系统吸收 SO$_2$ 的价值量计算公式如下：

$$U_s = K_s \cdot Q_s \cdot A \tag{1-5-7}$$

式中，U_s 为生态系统吸收 SO_2 价值量（元 /a）；K_s 为 SO_2 治理费用（元 /kg）；Q_s 为单位面积 SO_2 吸收量 [kg/(hm²·a)]；A 为林地和城市绿地面积之和（hm²）。

参考《城市生态系统服务功能价值评估初探——以深圳市为例》（彭建等，2005），单位面积林地和城市绿地对 SO_2 的年吸收量为 88.65kg/(hm²·a)。工业治理 SO_2 费用为 3000 元 /t。

生态系统吸收 NO_x 的价值量计算公式如下：

$$U_N = K_N \cdot Q_N \cdot A \tag{1-5-8}$$

式中，U_N 为生态系统吸收氮氧化物价值量（元 /a）；K_N 为氮氧化物治理费用（元 /kg）；Q_N 为单位面积吸收氮氧化物量 [kg/(hm²·a)]；A 为林地和城市绿地面积之和（hm²）。

参考《城市生态系统服务功能价值评估初探——以深圳市为例》（彭建等，2005），单位面积林地和城市绿地对 NO_x 的年吸收能力为 380.00kg/(hm²·a)。汽车尾气脱氮治理费用为 16 000 元 /t。

（3）滞尘

城市中粉尘的主要来源有工业生产制造、机动车尾气排放和沙土扬尘。大气中的粉尘含量超过一定浓度则会引发呼吸道疾病，此外，尘粒的表面可以吸附空气中的各种有害气体及其他污染物，从而成为它们的载体。因此，粉尘污染不可忽视。植物，特别是树木对粉尘有明显的阻挡、过滤和吸附作用。

滞尘价值量计算公式如下：

$$U_D = K_D \cdot Q_D \cdot A \tag{1-5-9}$$

式中，U_D 为年滞尘价值量（元 /a）；K_D 为降尘清理费用（元 /kg）；Q_D 为单位面积年滞尘量 [kg/(hm²·a)]；A 为林地和城市绿地面积之和（hm²）。

参考《城市生态系统服务功能价值评估初探——以深圳市为例》（彭建等，2005），单位面积林地和城市绿地的年滞尘量为 10.11t/(hm²·a)。工业削减粉尘的费用为 170 元 /t。

5.1.2.6 降低噪声功能核算

采用替代成本法来估算生态系统降低噪声的价值，目前对林地和城市绿地降低噪声价值的估算多以造林成本的 15% 计算：

$$E_n = S \cdot F \cdot C \cdot 15\% \tag{1-5-10}$$

式中，E_n 为生态系统降低噪声价值；S 为林地与城市绿地面积之和（hm²）；F 为平均造林成本（元 /m³）；C 为单位面积成熟林木材蓄积量（m³/hm²）。

参考《城市生态系统服务功能价值评估初探——以深圳市为例》（彭建等，2005），我国平均造林成本为240.03元/m³，成熟林单位面积蓄积量按照80m³/hm²计算。

5.1.2.7 调节气候功能核算

生态系统调节气候功能的价值主要指吸热降温产生的价值。林地、城市绿地和水面的降温作用可直接减少城市空调的使用，因此可用减少空调的耗电费来衡量调节气候价值。生态系统吸热降温价值量包括植物蒸腾和水面蒸发两方面。植物蒸腾价值：据测算，1hm²绿地夏季在周围环境中可吸收81.1×10³kJ的热量，全区绿地面积按林地和城市绿地面积之和计算，根据达到同样效果的用电量和电价，可计算相应的价值量。根据盐田区植被覆盖面积和植物蒸腾吸收热量、水面面积和蒸发相同的水量所需的电量计算全区水汽蒸发产生的价值：

$$E_c = E_v + E_w \qquad (1-5-11)$$

$$E_v = G_a \cdot H_a \cdot \rho \cdot P_e \qquad (1-5-12)$$

$$E_w = W_a \cdot E_p \cdot \beta \cdot \rho \cdot P_e \qquad (1-5-13)$$

式中，E_c 为调节气候总价值量（元）；E_v 为植物蒸腾价值量（元）；E_w 为水面蒸发价值量（元）；G_a 为植被覆盖面积（km²）；H_a 为单位面积绿地吸收的热量（kJ/km²）；ρ 为常数，1kW·h/3600kJ；P_e 为电价 [元 /(kW·h)]；W_a 为水体面积（m²）；E_p 为年平均蒸发量（m）；β 为蒸发单位体积的水消耗的能量（kJ/m³）。

参考《生态系统生产总值核算：概念、核算方法与案例研究》（欧阳志云等，2013），单位面积绿地吸收热量为81.1×10³kJ/hm²。已知在气温25℃环境下，1m³ 水汽化为相同温度的水蒸气需消耗2.43×10⁶kJ的热量。电价参考深圳市电价价目表，取居民用电电价平均值0.80元/(kW·h)。

5.1.2.8 洪水调蓄功能核算

水库、湖泊、塘坝等生态系统具有蓄洪、泄洪、削减洪峰的作用，对减轻与预防洪水的危害发挥了重要作用。

本研究基于可调蓄水量与湖面面积之间的数量关系，构建了湖泊洪水调蓄功能评价模型：

$$L_P = 134.83 \, e^{\, 0.927 \ln \, (L_a)} \qquad (1-5-14)$$

式中，L_P 为可调蓄水量（×10⁴m³）；L_a 为湖面面积（km²）。

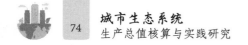
本研究中的湖泊主要指盐田区内社区公园、综合公园中的湖泊，总面积为6.65hm²。根据上述公式计算得到湖泊可调蓄水量为28.08 万 m³。

水库的洪水调蓄量可通过水库总库容和水库枯水期蓄水量之差计算：

$$R_P = T_v - S_v \qquad (1\text{-}5\text{-}15)$$

式中，R_P 为水库可调蓄水量（$\times 10^4 \text{m}^3$）；T_v 为水库总库容（$\times 10^4 \text{m}^3$）；S_v 为水库枯水期蓄水量（$\times 10^4 \text{m}^3$）。

2013 年调查数据显示，盐田区水库总库容为748.43 万 m³，水库枯水期蓄水量为366.65 万 m³。因此，根据上述公式可知盐田区水库可调蓄水量为381.78 万 m³。

因此，盐田区生态系统洪水调蓄价值可以采用替代工程法，根据湖泊和水库调蓄能力乘以水库建设单位库容造价进行核算：

$$E_a = (L_P + R_P) \cdot P_v \qquad (1\text{-}5\text{-}16)$$

式中，E_a 为洪水调蓄功能价值量（万元）；P_v 为水库建设单位库容造价（元 /m³）。

5.1.2.9　维持生物多样性功能核算

生物多样性指的是地球上生物圈中所有的生物，即动物、植物、微生物，以及它们所拥有的基因和生存环境，包含遗传（基因）多样性、物种多样性和生态系统多样性 3 个层次。遗传（基因）多样性是指生物体内决定性状的遗传因子及其组合的多样性；物种多样性是生物多样性在物种上的表现形式，可分为区域物种多样性和群落物种（生态）多样性；生态系统多样性是指生物圈内生境、生物群落和生态过程的多样性（孟祥江和侯元兆，2010）。

生态系统维持生物多样性功能的主要表现为提供生物生存所需的物质及良好的栖息环境，提供生态演替与生物进化所需的丰富的物种和遗传资源。

盐田区拥有丰富的物种资源。盐田区林地面积有 46.01km²（2013 年），在盐田区山地自然分布的维管植物超过 1500 种。辖区内发现了刺桫椤、穗花杉、白桂木、土沉香、粘木、福建观音座莲等珍稀、濒危物种。野生动物资源也比较丰富，有 24 目 64 科 196 种。其中，以滨海山地和自然植被为景观主体的梧桐山国家森林公园是深圳最重要的物种基因库，分布着维管植物 1376 种、昆虫 537 种、动物 196 种，其中刺桫椤、穗花杉、土沉香等 5 种及蟒蛇、穿山甲、小灵猫等20 多种为国家重点保护的动植物。

维持生物多样性价值核算既是一个热点，也是一个难点，在世界范围内还没有形成一个统一的、普遍接受的评估方法。总体来说，对生态系统维持生物多样性的价值多采用生物多样性指数法、机会成本法、条件价值法等方法来计算（严承高等，2000）。维持生物多样性价值评价方法的比较见表 1-5-2。

表 1-5-2　维持生物多样性价值评价方法

方法	说明	优点	缺点
生物多样性指数法	—	较为客观，适用性较高	估算结果偏低
机会成本法	以生态破坏的经济损失或恢复这些损失所需要的花费来表达	—	缺少现实交易的数据支撑，结果具有不确定性
条件价值法	以个人对生物多样性保护的支付意愿来表达	其理论前提比较简明，方法应用相对直接，在国外得到广泛的应用	受众多主观因素影响，结果常出现重大偏差

综合上述方法的优缺点（周伟等，2007；刘玉龙等，2005；李镜等，2007；王兵等，2008，2010），结合盐田区生物多样性情况，本研究采用机会成本法来分析维持生物多样性价值。

机会成本法是指由于任何一种生态系统都存在许多相互排斥的待选方案，选择了这种使用机会就放弃了其他的使用机会，也就相应失去了获得其他效益的机会。因此，将其他使用方案中能获得的最大收益作为该生态系统选择方案的机会成本。例如，城市中湿地被规划为保护对象后，就不可随意开发，从而失去了在寸土寸金的城市中作为可建设开发土地的机会成本。因此，可以根据所在城市单位面积建设用地的土地价值来确定生态系统维持生物多样性的价值，计算公式为

$$E_b = \sum_{i=1}^{n} S_i \cdot P_{ri} \qquad (1\text{-}5\text{-}17)$$

$$P_{ri} = P_r \cdot \eta \qquad (1\text{-}5\text{-}18)$$

$$P_r = P_l \cdot \mu \qquad (1\text{-}5\text{-}19)$$

式中，E_b 为生态系统维持生物多样性价值；S_i 为具有此功能的生态系统面积（m^2）；P_{ri} 为修正后的单位面积生态系统维持生物多样性的价格（元 /m^2）；η 为各生态系统的修正常数；P_r 为单位面积生态系统维持生物多样性的平均价格（元 /m^2）；P_l 为所在城市单位面积建设用地土地价值（元 /m^2）；μ 为维持生物多样性功能在生态系统服务中所占的权重，μ 取 0.1。

若采用机会成本法，则需要确定所在城市单位面积建设用地的土地价值和维持生物多样性功能在生态系统服务中所占的权重。因此，本研究参考《一个基于专家知识的生态系统服务价值化方法》（谢高地等，2008）、《基于单位面积价值当量因子的生态系统服务价值化方法改进》（谢高地等，2015）、《城市生态系统服务功能价值的研究与实践》（白瑜和彭荔红，2011）、《深圳市土地利用变化对生态服务功能的影响》（李文楷等，2008）中的价值当量来修正单位面积生态系统维持生物多样性的价格，确定各生态系统的修正系数 η 和权重 μ。此外，考虑到坡度在 30°以上的林地无法被用作建设用地，因此在本研究中只考虑坡度

在 30°以下的林地，根据遥感图像分析，盐田区坡度在 30°以下的林地面积约占林地总面积的 15%。

　　根据盐田区 2013 年的单位面积建设用地土地价值来核算生态系统维持生物多样性的价值。在深圳市土地房产交易中心查询到 2010～2014 年不同用地类型的土地交易有 10 宗，选取代表性的 4 宗——沙头角中心区某商服用地成交价 2.16 万元 /m²、沙头角某工业用地出让成交价 2371 元 /m²、盐田港后方陆域某仓储用地交易价 2481 元 /m²、大梅沙某幼托用地交易价 1.1 万元 /m²，计算得出不完全统计成交价为 9363 元 /m²。考虑到前几年的通货膨胀和物价水平，这里取 1 万元 /m² 作为盐田区单位面积建设用地的土地价值。

5.1.3　生态文化服务价值核算方法

　　在计算盐田区景观的文化服务价值部分时，主要考虑盐田区自然与人工生态景观的观赏游憩价值和生态景观、滨海景观的存在对社会的贡献价值。

　　盐田区主要的自然和人工生态景观有东部华侨城、梧桐山国家森林公园、大梅沙海滨公园、小梅沙海滨度假村等。

　　（1）东部华侨城

　　坐落于深圳大梅沙，占地近 9km²，是集休闲度假、观光旅游、户外运动、科普教育、生态探险等主题于一体的大型综合性国家生态旅游示范区。东部华侨城在山海间巧妙地规划了大侠谷、茶溪谷、云海谷三大主题区域，集生态动感、休闲度假、户外运动等多项文化旅游功能于一体，体现了人与自然的和谐共处。

　　（2）梧桐山国家森林公园

　　总面积为 31.82km²，是以滨海山地和自然植被为景观主体的自然风景名胜区，也是特区内唯一的省级风景名胜区。植被类型复杂多样，自下而上依次分布南亚热带季雨林、山地常绿阔叶林、山顶矮林与山顶灌草丛。梧桐山动植物资源丰富，是深圳最重要的物种基因库，根据梧桐山风景区管理处统计，梧桐山分布着维管植物 1376 种、昆虫 537 种、动物 196 种，其中刺桫椤、穗花杉、土沉香等 5 种及蟒蛇、穿山甲、小灵猫等 20 多种为国家重点保护的动植物。

　　（3）大梅沙海滨公园

　　大梅沙海滨公园是深圳著名的园林式、花园式四星级生态公园和环境教育基地。大梅沙海滨公园面积为 36 万 m²，其中沙滩全长约 1800m，面积约 18 万 m²，绿地面积约 10 万 m²。

　　（4）小梅沙海滨度假村

　　小梅沙位于深圳东部大鹏湾，总占地面积 12 万 m²，其中海水面积 1.3km²。

（5）盐田区绿道

省立绿道 2 号线盐田段全长约 33.8km，跨越龙岗、坪山；海滨栈道全长 19.5km，西起中英街，东至背仔角，沿着盐田区的黄金海岸线而建；盐田区登山环道全长 141.5km，包括梧桐山片区、三洲田—大梅沙片区及小三洲—小梅沙片区登山道线路。

（6）东和法治文化主题公园 / 双拥公园 / 海山公园

东和法治文化主题公园由盐田区人民政府在原东和公园的基础上建设而成，位于沙头角海涛路，占地面积大约 2.7 万 m^2，公园内绿化覆盖面积超过公园总面积的 85%，是沙头角居民休闲、娱乐的主要场所之一。主题公园在规划设计上遵循"法治、平安、和谐"的理念，在不改变公园原有自然景观的前提下，注入大量的法治文化元素，把法治文化思想理念与现有的东和公园的环境绿化、设施等相融合，赋予公园新的文化生命力。

双拥公园地处盐田腹地，在盐田河的中段，占地面积 3.9 万 m^2，公园内绿化覆盖面积超过公园总面积的 90%。公园里，凉亭、假山、石凳错落有致，沿河有约 200m 的绿化带。沿河种植的一片"双拥林"是该公园的一大特色。

海山公园位于盐田区沙头角镇庙公岭，占地面积 5.6 万 m^2，园内绿化覆盖面积达 83%。海山公园绿意盎然，色彩明朗，四季鲜花簇放，生态公园特征相当明显。

5.1.3.1 观赏游憩价值

自然生态景观和人工生态景观拥有优美的自然环境、较为完整的生物群落、珍贵稀有的物种及完备的配套设施，具有很高的游憩价值，常作为重要的旅游休闲地。除此之外，生态景观常被用来开展物种监测、对照实验等科研活动，根据生态景观保存的过去和现在的生态过程痕迹，人们更易于了解生境的演变、物种的更替及景观内部生态环境的变化趋势。

本研究运用旅行消费法来核算生态系统的观赏游憩价值（谢贤政和马中，2006）。观赏游憩价值是当自然景观所承载的自然资源被人们消费时，满足游览者观赏游玩需求的那部分功能和价值，也就是目前的自然资源通过商品和服务的形式为人们提供的福利，为消费者支出与消费者剩余之和（刘亚萍等，2006）。之所以选择旅行消费法来评估生态系统的观赏游憩价值，是因为该方法操作起来相对简易、可行性高，被广泛地运用于自然景观使用价值的评估中。

在旅行消费法中，自然景观的价值被看作一种替代价值，为消费者支出与消费者剩余之和。消费者支出是指消费者为观赏游憩景观而付出的实际费用，包括景观的门票费用、往返景观的交通费用及游玩时的其他消费。消费者剩余是指对于景观提供的商品和服务，消费者愿意支付的最高费用与实际支付费用之间的差额。

本研究在开展过程中通过有效的 300 份问卷来调查消费者的支付意愿，考虑到样本量，还参考了同类型的具有一定代表性的其他景观，如张家界武陵源风景区（成程等，2013）、武夷山国家风景名胜区（李洪波和李燕燕，2010）、舟山普陀山风景名胜区（肖建红等，2011）等，来确定盐田区几类主要景观的文化服务价值中的消费者剩余价值。

盐田区大部分景观都是免费向游客开放的，因此对于部分免入场费的景观的门票价格，主要参考深圳市或广东省其他城市相同类型的景观门票价格来确定。梧桐山国家森林公园门票价格参考广州莲花山风景区门票价格，大梅沙参考小梅沙度假村门票价格，东和法治文化主题公园、双拥公园和海山公园这 3 个综合公园参考潮州凤凰洲公园门票价格。

在盐田区绿道的文化服务价值核算中，所采用的人口数量是以 2013 年深圳市及盐田区常住人口数量为基准，但人口结构中还包含了一定数量的少年儿童（一般指 14 周岁以下的人群），考虑到此类人群多数是随同监护人到绿道游玩，其实际支出和支付意愿都相对较低，因此，在绿道文化服务价值的核算中，不将此类人群计算在内。根据《深圳市 2010 年第六次全国人口普查主要数据公报》，0～14 岁人口约占全市总人口的 9.84%，剔除此类人群，纳入计算范围的人口数量约为 193 066 人（盐田区）和 9 327 017 人（深圳市其他区）。

根据所得资料进行整理和计算，得到盐田区各个生态景观的消费者支出和消费者剩余。

5.1.3.2 景观贡献价值

（1）生态景观贡献价值

生态景观贡献是指自然或人工生态景观的存在对周围环境、周边居住人群的生活产生的正面积极的影响，这种影响往往是潜在的、不易让人察觉的。

在计算生态景观贡献价值部分时，假设生态景观被破坏而丧失了观赏游玩的功能，我们会以景区的重建成本和重建所需的时间成本来替代计算生态景观贡献价值。时间成本不仅指时间本身的流失，也指在等待时间内造成的市场机会的丢失。若盐田区重要的生态景观被破坏，不再具有游玩价值，那么盐田区的旅游业就会受到巨大冲击，我们可以用在景区重建时间内所产生的旅游业损失作为时间成本来计算。

根据《大型主题公园评析》（熊瑛等，2003），要建设一个结构丰富、适合各种年龄层人群游玩的景区至少要投资 4 亿元 /km²。以盐田区东部华侨城景区为例，景区占地近 9km²，建设总投资约 35 亿元，平均下来每平方千米的投资约为 3.9 亿元，与文献资料的统计基本相符。在本研究中，采用文献资料中的统计平均值 4 亿元 /km² 作为盐田区生态景区的重建成本进行计算。

在景区重建所需要的时间成本方面，东部华侨城在 2004 年动工建设，2007年项目一期开放，2008 年末建设完成，历时约 4 年。根据《大型主题公园评析》（熊瑛等，2003），一般景区的建设时间在 3 ～ 5 年。在本研究中参考东部华侨城的建设时间及盐田区 2009 ～ 2013 年旅游业年均收入来计算景区重建所需要的时间成本，主要考虑东部华侨城，大、小梅沙等重要景区。

根据盐田区资料统计，盐田区自然及人工生态景区占地面积总计约24.3km²。

（2）滨海景观贡献价值

滨海景观贡献价值指滨海岸带满足人们审美、休闲娱乐和舒适性需求的功能价值。景观功能，又可称为舒适性功能，最早由美国资源环境经济学家 Krutilla（1968）在其经典论著《自然资源保护再认识》中提出。景观功能不同于旅游服务功能，前者侧重关注自然景观的审美和舒适性等（李京梅和许志华，2014）。

滨海景观功能作为一种环境属性，缺乏相应的市场价格，因此滨海景观贡献价值只能使用替代物的市场价格来衡量没有市场价格的环境价值。在对环境属性物品进行价值评估的方法中，内涵资产定价法发展的时间较长，形成了一个较为完整的系统，并且有许多学者采用此种方法对清洁空气、植被景观等的经济价值进行了评估。本研究中也采用内涵资产定价法来对滨海景观贡献价值进行量化。

内涵资产定价法是一种通过人们购买具有环境属性的房地产商品的价格来推断人们赋予环境的价值量大小的价值评估方法。将人们享受不同环境对住房所支付的差价作为环境差别的价值，通过回归分析来推算环境景观的价值。

内涵资产定价法大致步骤如下：首先分析房地产所拥有的属性特征，主要包括结构属性、邻里属性和环境属性，将其量化；然后同时了解人们对于房地产的支付意愿（用房地产交易价格替代），支付意愿取决于房地产所拥有的各个属性特征的价格；最后再次回归分析房地产价格与属性特征之间的关系，最终推断出房地产中某种环境属性的价值。

盐田区拥有丰富的海洋资源，位于滨海一线的海景房产业发展态势较为良好。由于海景房的环境属性中包含了滨海景观，因此海景房的价格中包含滨海景观贡献价值，而这一特征价格在非海景房中并不会得到体现。因此根据内涵资产定价法，通过比较海景房与非海景房之间的价格差异，可以评估出滨海景观所拥有的经济价值。

为了更加方便明了地评估滨海景观贡献价值，对海景房与非海景房进行比较，并建立模型进行回归分析。根据估计结果，计算出人们对于滨海景观的边际

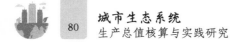

支付意愿，即滨海景观的经济价值。

基于海景房与非海景房之间的比较分析，建立半对数函数模型，在模型中引入虚拟变量。模型的具体表示形式如下（李京梅和许志华，2014）：

$$\ln(P_i) = \boldsymbol{\beta_0} + \boldsymbol{\beta_1} \cdot \boldsymbol{S_i} + \boldsymbol{\beta_2} \cdot \boldsymbol{N_i} + \boldsymbol{\beta_3} \cdot \boldsymbol{Q_i} + \varepsilon_i \qquad (1\text{-}5\text{-}20)$$

式中，P_i 为第 i 个商品住房的单价；S_i 为住房的结构属性特征向量矩阵，主要包括住房的面积及室、厅、卫生间的个数；N_i 为住房的邻里属性特征向量矩阵，主要包括住房与最近的中学、医院、电影院、超市、公园及市中心之间的距离；Q_i 为模型所引入的虚拟变量，当 $Q_i=0$ 时，为非海景房，当 $Q_i=1$ 时，为海景房，拥有滨海景观；$\boldsymbol{\beta_i}$ 为相应的系数矩阵；ε_i 为随机误差项。

根据内涵资产定价法，房地产所拥有的滨海景观贡献价值可以用人们对于滨海景观的边际支付意愿来表示。基于半对数函数模型，购房者对滨海景观的边际支付意愿等于 $\boldsymbol{\beta_3} P$。参考《基于内涵资产定价法的青岛滨海景观价值评估》（李京梅和许志华，2014）的研究成果，购买者愿意为拥有滨海景观而对每平方米住房多支付的边际支付意愿可以认为是滨海景观的绝对价值，其值约为海景房平均价格的 15%。

因此，滨海景观贡献价值（V）＝海景房面积（A）×海景房均价（P）×15%。

5.2　人居环境生态系统价值核算方法

在人居环境生态系统价值核算方法方面，主要采用替代工程法和防护费用法（李波等，2008；郭宝东，2011）。

5.2.1　大气环境维持与改善

（1）大气环境维持价值

参考北京市大气污染治理成本来计算盐田区大气环境维持所产生的价值。在《基于遥感资料的北京大气污染治理投资对降低 $PM_{2.5}$ 的效能分析》（杨晟朗和李本纲，2015）中结合北京市大气污染物年均浓度数据，对北京市 2001～2012 年用于工业废气污染治理的投资累计额进行了效能分析，研究证明北京市工业废气污染治理投资对于改善大气有显著贡献。

根据《北京市 2013—2017 年清洁空气行动计划》，北京市在这 5 年将投入近万亿元资金来治理大气环境，以 $PM_{2.5}$ 为主要防治目标，到 2017 年，北京市空气中的 PM$_{2.5}$ 年均浓度比 2012 年下降 25% 以上，降至 60μg/m^3 左右。也就是说，在这 5 年间，北京市大气污染治理成本约为 0.60 亿元 /km^2（北京市占地面积约为 16 800km^2）。

根据《2013 年深圳市环境质量报告书》，盐田区 2013 年的 PM$_{2.5}$ 年均浓度为 35.58μg/m^3。

对盐田区而言，盐田区的大气环境质量早已达到北京市 2017 年的目标，但这并不代表盐田区的大气环境不具有环境维持和保护价值。相反，盐田区为达到如今的大气环境质量目标付出了巨大的努力，其中也耗费了一定的人力和物力才能使大气环境质量维持在现今良好的状态。为了计算此部分价值，我们可以假设盐田区大气环境处于一种极端恶劣的情况，需要花费一定资金去治理和恢复。因此，可以参考北京市大气污染治理成本来计算盐田区大气环境维持与改善价值。

（2）大气环境改善价值

采用条件价值法，以居民对大气环境改善的支付意愿来计算大气环境改善价值。根据调查，北京地区全年每增加 1 天优良天数，北京居民的平均支付意愿为 53.72 元 / 年。由于这个调查时间是在 2006 年，考虑到近年来中国经济的快速发展及国内人均消费水平的提高，将对此支付意愿做一个修正。参考《中国统计摘要 2013》，以近年广东省地区生产总值年均增幅 17% 作为修正系数来调整对大气环境改善的人均支付意愿。

根据《深圳市盐田区环境质量分析报告》（2013 年度），盐田区 2013 年空气优良天数为 340 天，较上一年增加 4 天。

在人口基数方面，以盐田区 15 岁及以上具有一定支付能力的居民人数来计算盐田区大气环境改善价值。根据深圳市第六次人口普查数据，0 ～ 14 岁人口占全市总人口的 9.84%，剔除此类人群，纳入计算范围的人口约为 193 066 人。

经修正后，盐田区每增加 1 天优良天数，盐田区居民平均支付意愿约为 161.23 元 / 年，盐田区 2013 年空气优良天数较上一年增加 4 天，因此，2013 年盐田区居民对大气环境改善的支付意愿为 644.92 元 / 年。

经计算，盐田区 2013 年大气环境改善价值为 1.25 亿元。

5.2.2 水环境维持与改善

（1）水环境维持价值

根据盐田区环境保护和水务局（简称环水局）数据统计，盐田区主要河流有 18 条，总河长为 59.73km。河流名称及河长见表 1-5-3。

表 1-5-3　盐田区河流情况

河流名称	全长 / 河长（km）	河流名称	全长 / 河长（km）
盐田河	6.06	大水坑	4.68
大梅沙河	3.5	小梅沙河	5.17
成坑村山沟	4.83	深坑水	2.6
沙头角河	4.4	沙头角河右支	1.61
海山涵	4.42	8 号涵	3.3
10 号涵	2.58	望箕湖水	2.1
盐田河永安路排洪渠支流	2.66	盐田河永安北三街支流	1.71
盐田河永安北一街支流	1.08	盐田河东海道支流	1.07
骆马岭水	4.23	大三洲塘水	3.73

在本研究中，参照已达到较好成效并仍在继续恢复的龙岗河的单位河长治理成本（17 755.35 万元 /km），估算盐田区内河流恢复成本，并以河流恢复成本来替代计算盐田区河流水环境维持价值。

（2）水环境改善价值

水环境价值是水环境功能效用满足主体需要的能力，水环境价值核算的关键在于确定不同水质的水资源价格。通过对不同水质不同价格的评估，可对水环境改善价值进行核算。以盐田区实际水质情况和污水处理厂将污水净化处理达到某类等级所需要的处理成本来替代计算水环境改善价值。

参考《区域环境价值核算的方法与应用研究》（王艳，2006）和《水资源核算及对 GDP 的修正——以中国东部经济发达地区为例》（王舒曼和曲福田，2001）的研究成果，设置基于不同水质的差异化价格。

由于水资源的价值取决于水资源的功能效用，劣 V 类水丧失了所有使用功能，因此我们假设水质最差的劣 V 类水所具有的价值为零。劣 V 类水经过二级处理，出水达到一级 A 排放标准，相当于恢复到 V 类水功能，因此可用污水二级处理的成本来表示 V 类水资源的单位价值。Ⅳ类水主要适用于一般工业用水区及人体非直接接触的娱乐用水区，因此可用工业用水价格来表示Ⅳ类水资源的单位价值。Ⅲ类水适用于集中式生活饮用水地表水源地二级保护区、鱼虾类越冬场等，其价格以居民生活用水价格来近似表示。Ⅱ类水主要适用于集中式生活饮用水地表水源地一级保护区、珍稀水生生物栖息地等，在Ⅲ类水价格基础上，增加Ⅲ类水经过一定处理达到饮用水要求的制水成本，作为Ⅱ类水价格。Ⅰ类水水质良好，地下水只需消毒处理，地表水经简易净化处理（如过滤）、消毒后即可供生活饮用，因此以纯净水价格近似替代其价格。以此类推，可用不同的恢复成本来衡量不同水质的水资源所具有的价值。

Ⅴ类水价格：盐田区污水处理成本应包括污水处理厂及配套设施建设成本

（污水处理厂建设成本、管网建设成本）的年值和污水处理厂运行成本，根据对盐田区 1996 ~ 2013 年污水处理相关投入的不完全统计，计算出盐田区污水二级处理成本约为 3.03 元 /m³，以此作为 V 类水价格。

IV 类水价格：根据深圳市自来水价格标准，工业用水零售水价 3.35 元 /m³，污水处理费 1.05 元 /m³，将二者之和作为 IV 类水价格，即 4.4 元 /m³。

III 类水价格：根据深圳市自来水价格标准，居民生活用水零售水价 4.6 元 /m³，污水处理费 1.1 元 /m³，将二者之和作为 III 类水价格，即 5.7 元 /m³。

II 类水价格：根据文献资料，水厂通过超滤技术来进行饮用水处理的总制水成本约为 1.54 元 /m³，在 III 类水价格的基础上加上饮用水总制水成本即为 II 类水价格，即 7.24 元 /m³。

I 类水价格：纯净水市场价格约为 1 元 /L，约合 1000 元 /m³，将其作为 I 类水替代价格。

5.2.3　土壤环境维持与保护

2013 年盐田区总面积为 74.63km²，区内建设用地面积为 19.60km²。假设区内建设用地全部遭到污染，为了使该类土地恢复到可用作商业和居住的程度，盐田区需要花费一定的财力来做修复治理工作。因此，可以根据受污染土地单位治理成本来对盐田区土壤污染治理所需成本进行估算。

受污染土地单位治理成本可参照目前国内外较为认可的土壤污染治理案例（表 1-5-4）来确定。

根据盐田区实际发展情况，利用以上相关案例对其受污染土地治理成本进行估算。

本研究借鉴上述 4 种土壤污染治理工程单位治理成本的平均值（89 801.47 万元 /km²）来估算将盐田区受污染土地修复为商业和居住用地的治理成本，并以受污染土地治理成本来替代计算盐田区土壤环境维持与保护价值。

表 1-5-4　土壤污染治理案例

参考案例	涉及面积 （km²）	治理费用 （万元）	治理年份	单位治理成本 （万元 /km²）	备注
日本富山县对镉污染耕地的治理工程	8.63	308 000	1979 ~ 2012	35 689.46	至 2012 年，当年的镉污染土壤已完全更换，农户可安全种植作物
原北京染料厂政府储备土地污染土壤治理工程	0.40	3 300	2008 ~ 2009	8 250.00	污染土壤经过无害化处理后，用作居住用地
武汉赫山土地污染修复案例	0.161	28 000	2011 ~ 2014	173 913.04	至 2013 年 3 月总体进度已近 60%，于 2014 年 5 月底完工
原武汉染料厂生产场地重金属复合污染土壤修复治理工程	0.133	18 800	2013 ~ 2015	141 353.38	修复达标后可作为办公用地

5.2.4　生态环境维持与改善

以生态环境修复所需成本来计算生态环境维持与改善价值，假设盐田区所有生态资源用地均被破坏，最终变为草木稀疏的裸土地，为了使盐田区的生态环境得以恢复，需要花费一定的金钱来做修复重建工作。生态环境修复所需成本可分为裸土地复绿成本和造林成本这两部分。

在裸土地复绿成本部分，结合国内相关裸土地区域恢复案例，本研究选择了湖北省远安县、山西省柳林县和安徽省黄山市的"矿山复绿"行动治理工程作为参照（表 1-5-5），运用此 3 项工程的单位面积治理成本的平均值（9.12 万元 /hm²）来估算出盐田区生态环境修复成本。

表 1-5-5　国内相关"矿山复绿"行动治理工程

"矿山复绿"行动治理工程	治理面积（hm²）	投资（万元）	治理年份	单位面积治理成本（万元 /hm²）
湖北省远安县	20.25	226.12	2015～2020	11.17
山西省柳林县	407.16	3280.02	2012～2014	8.06
安徽省黄山市	3.58	29.10	2014～2015	8.13

造林成本可直接根据盐田区统计数据得到，盐田区造林成本约为 0.573 万元 /亩[①]。

盐田区林地与城市绿地面积的比例约为 17∶1，按照该比例来计算裸土地复绿和造林的面积。经计算，盐田区生态用地复绿面积约为 2.70km²，生态用地造林面积约为 45.98km²。

5.2.5　声环境价值

虽然噪声污染对人体健康舒适的影响十分直接明显，但是由于噪声污染"随源而至、随源而去"的特性，关于噪声环境资源经济计量的研究相对较少。声环境与水环境、森林系统等子系统之间存在着最明显也是最根本的区别：水、森林等均为实体，可以赋予具体的评价范围，即能明确环境资源的拥有量，以陆地地表水生态系统为例，研究者能将评价范围（如全国）的水体分为河流、水库、湖泊、沼泽等 4 个类型，确定每一种类型的资源拥有量（如以水容积为指标），采用一定的环境经济评价法（如替代工程法、成果引用法等），研究每一单位量的水资源带来的服务功能效益，从而最终较准确地确定水生态环境的生态经济价值。而声为无形之物，无法用一种科学的方法对其进行表征，且声污染程度受个体因素影响明显，正是这一本质的区别限制了分类统计汇总方法在声环境服务功能价值评估中的应用（许丽忠等，2006）。

_____

① 1 亩≈666.67m²

因为环境系统功能价值与环境污染损失是一个事物的两个方面。当环境良好，不产生污染损失时，环境系统功能价值达到最大；反之，污染损失越大，环境系统散失的服务功能越多，实际发挥的效益越小。因此，本研究参考前人的研究成果，运用逆向思维方式，借助环境评价中的污染损失率模型，从环境污染损失反推出环境要素的价值。即用噪声对人造成的伤害损失来近似衡量良好的声环境所创造的价值。

根据 James 和 Lee（1984）提出的污染物浓度 - 污染损失理论，污染物对环境质量的损害行为与污染物浓度呈"S"形非线性关系（图 1-5-1）。噪声对人生活质量的损害也不呈简单的直线关系。声级很低的噪声对人类不会造成伤害。但随着噪声声级的上升，噪声对人类健康造成的伤害也开始缓慢增加。当该噪声级别达到临界声级后，其对人类健康造成的伤害就表现得较为强烈。当噪声增大到一定值时，伤害将逐渐趋于平缓。

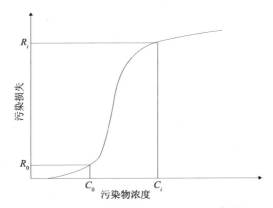

图 1-5-1　污染物浓度 - 污染损失示意图

以数学方程式表示污染物浓度 - 污染损失曲线，可转换为待定系数的逻辑斯谛（Logistic）方程：

$$S = \frac{K}{1+\alpha \cdot \exp(-\beta \cdot c)} \qquad （1\text{-}5\text{-}21）$$

式中，S 为某污染物浓度为 c 时造成的环境资源损失，对于声环境来说，则是指在确定声级下声污染损失值；K 为环境要素资源价值总量，在本研究中则是指舒适声环境所能创造的总服务功能价值；c 为污染物浓度，在此指噪声源声级大小；α、β 为待定参数，由污染因子的浓度 - 损失曲线特性决定，在此由噪声的特性确定。

α 与 β 均为 Logistic 方程中的待定系数项，其求解可通过两点法。选用《声环境质量标准》（GB 3096—2008），同时结合不同噪声声级的干扰程度，假定当

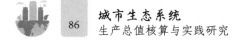

环境声级为 40dB 时，其污染损失率为 1%，位于"S"形曲线的底端；当环境声级为 85dB 时，其污染损失率为 99%，即位于"S"形曲线的顶端。将此两点假设代入公式待定系数的 Logistic 方程，确定 α、β，得到如下污染损失率模型：

$$S = \frac{K}{1 + 349\,487.1 \cdot \exp(-0.204\,228 \cdot c)} \tag{1-5-22}$$

声环境的价值可以定性为声环境的使用价值。声环境的使用价值与城市声环境服务的人群有关系。服务的人群数量越大，该声环境的价值越大；服务人群的数量越小，则该声环境的价值越小。因此，某个城市的声环境总价值可以近似为

$$K = \sum k \tag{1-5-23}$$

式中，k 为声环境服务的个人支付意愿。个人的支付意愿与该人的人均可支配收入密切相关。参考《大连市城市噪声污染损失货币化研究》（刘凤喜，1999）和《城市声环境舒适性服务功能价值分析》（许丽忠等，2006）及欧盟各国对支付意愿进行研究的成果，声环境服务的支付意愿与个人的人均收入成正比。

$$k = f \cdot M \tag{1-5-24}$$

式中，f 为比例系数；M 为个人的人均可支配收入。相关文献（秦贵棉和马富芹，2008）表明，个人支付意愿的比例系数一般可取为 1/100～1/10，对于中国城市居民来说，可取 $f = 1/20$。

根据上述内容可得

$$S = \frac{\sum f \cdot M}{1 + 349\,487.1 \cdot \exp(-0.204\,228 \cdot c)} \tag{1-5-25}$$

一个区域最终表现出的声环境价值 V 应该是声环境应能创造的总价值减去噪声污染损失价值后的经济价值，即 $V = K - S$。

5.2.6　合理处置固废

在合理处置固废所创造的价值部分，可以分为固废减量价值、固废处理价值和固废资源化利用价值这三部分来计算。

参考《城市固体废物环境治理成本核算及分析》（杨建军和董小林，2013），采用替代工程法，以各类城市固体废弃物的治理成本、固废资源化利用价值和固废减量价值来计算合理处置城市固体废弃物所创造的价值。盐田区产生的主要固体废弃物包括工业固体废弃物、城市生活垃圾及餐厨垃圾，2013 年这 3 类固体废弃物的产生量分别为 42 640t、77 000t 及 12 000t。在固废减量方面，与 2012

年相比，工业固体废弃物和城市生活垃圾的减少量分别为 -1824t 和 21 474t。

在本研究中，采用单位固体废弃物实际治理成本来计算合理处置城市固体废弃物的处理价值。盐田区 2013 年单位固体废弃物实际治理成本可根据统计数据得到，工业固体废弃物治理成本为 3000 ～ 5000 元 /t，本研究取 4000 元 /t；城市生活垃圾治理成本为 497 元 /t；餐厨垃圾治理成本为 198 元 /t。

对于固废减量效益，考虑到固体废弃物的源头减量可以降低固废产生、收集、清运、中转、处置等一系列过程的成本，还可以节省城市宝贵的土地资源，同时能大大降低对城市环境的不良影响。参考相关资料，从经济效益和生态效益方面考虑，固废的减量效益约为固废实际治理成本的 1.5 倍，即本研究中工业固体废弃物、城市生活垃圾和餐厨垃圾的单位固废减量效益分别为 6000 元 /t、745.5 元 /t 和 297 元 /t。

在固废的资源化利用方面，2013 年盐田区工业固体废弃物、生活垃圾和餐厨垃圾的循环利用率分别为 100%、23% 和 85%。固体废弃物资源化利用率高，特别是在餐厨垃圾的处理方面，盐田区借助于先进的微生物处理工艺，先后建成了 9 座餐厨垃圾无害化处理站，实现了全区餐饮企业、政府机关及企事业单位的餐厨垃圾 100% 无害化处理。

参考《工业固体废弃物的综合利用及其带来的企业效益》（荣爱琴，2011），一般工业固体废弃物的回收再利用价值为 300 ～ 700 元 /t，在本研究中以中间值 500 元 /t 计算；参考《城市生活垃圾的再生利用研究与效益分析》（汤新云，2007），城市生活垃圾的回收再利用价值在 0.5 ～ 2.6 元 /kg，即 500 ～ 2600 元 /t，取其中间值 1500 元 /t 进行计算。参考《广州市餐厨垃圾不同处置方式的经济与环境效益比较》（沈超青和马晓茜，2010）和《餐厨垃圾的饲料化处理及其效益分析》（严武英等，2012），100t 餐厨垃圾经综合处理后大约可产生 5.56t 生物柴油、5800m³ 沼气和 16t 有机肥料。生物柴油价值和有机肥料价值可根据其市场价格计算，分别为 6000 ～ 7000 元 /t 和 1500 元 /t。沼气价值可以根据其发电量和电价来转换计算，经计算，100t 餐厨垃圾经处理产生的沼气可发电 22 700kW·h，参考深圳市电价价目表，取居民用电电价平均值 0.80 元 /(kW·h) 来计算沼气价值。

5.2.7　节能减排

在本研究中的节能减排主要是指通过各种先进技术、工程措施和高效管理实现的大气污染物减排与碳减排。

5.2.7.1　大气污染物减排

大气污染物减排主要包括通过工程、结构、管理三类措施实现的污染物的削减。深圳市人居环境委员会（简称人居委）已按《"十二五"主要污染物总量

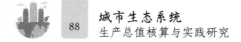

减排核算细则》的要求对盐田区主要污染物的减排量进行了核算。核算结果表明，盐田区 2013 年 SO_2 排放量为 99.51t，较去年减少 11.36t；NO_x 排放量为 207.50t，较去年增加 11.65t。考虑到盐田区的实际情况，港口和公共自行车特色突出，因此，本研究中补充计算了港口减排量和公共自行车减排量，从而更新了盐田区 2013 年大气污染物减排总量。

港口减排主要包括港口叉车、龙门吊、空箱搬运车、清洁车、集装箱堆垒车和其他港口作业机械及设备实现的大气污染物减排。

根据统计数据，盐田国际集装箱码头有限公司（简称盐田国际）已完成对 150 台龙门吊的"油改电"项目，通过改柴油驱动为电力驱动，龙门吊减少了 95% 的废气排放。

港区机械设备 NO_x 排放量的估算采用基于燃油消耗量的排放因子法，具体估算公式如下。SO_2 排放量的估算采用物料衡算法，其使用的轻柴油平均含硫率为 0.2%。

$$E_p = D_i \cdot EF_{i,p} \tag{1-5-26}$$

式中，p 为污染物类型；E_p 为污染物排放量（kg）；D_i 为各港口装卸设备的柴油使用量（kg）；$EF_{i,p}$ 为污染物的排放因子（g/kg）。

港口机械设备所使用的燃料主要为柴油，含硫率按车用柴油 350ppm[①] 计算；NO_x 和 SO_2 的排放因子见表 1-5-6。

表 1-5-6　港口机械设备的大气污染物排放因子

污染物类型	NO_x	SO_2
排放因子（g/kg）	66.1	0.7

注：数据来自《2006 年 IPCC 国家温室气体清单指南》。

根据盐田区统计数据，2012 年和 2013 年盐田港柴油使用量分别为 17 977.33t 及 17 770.7t，与 2012 年相比，2013 年柴油使用量下降 206.63t。根据港口机械设备污染物排放因子来计算各污染物的减排量，计算结果如表 1-5-7 所示。

表 1-5-7　2013 年港口机械设备污染物减排量

污染物类型	SO_2	NO_x
污染物减排量（kg）	144.64	13 658.24

在公共自行车减排方面，由于盐田区公共自行车的便捷，在短距离内大多数居民均选择这种绿色环保的出行方式，从而减少了机动车，特别是私家车的使

---

① 1ppm=10^{-6}

用量，减少了汽车尾气的排放。因此，可以根据公共自行车替代机动车行驶的总路程来计算大气污染物的减排量。

根据调查，盐田区 2013 年自行车租借量为 1494 万余次，大多数居民的骑行时间在 1h 之内，超过 1h 的比例为 10%～20%。自行车的骑行速度在 10～15km/h。以骑行时间 1h 计，2013 年公共自行车骑行总千米数为 18 675 万 km。根据机动车污染物排放因子来计算大气污染物排放量，大气污染物排放因子见表 1-5-8。

表 1-5-8　机动车的大气污染物排放因子

污染物类型	SO$_2$	NO$_x$
排放因子（g/km）	0.02	0.81

注：数据来自《2006 年 IPCC 国家温室气体清单指南》。

经计算，2013 年盐田区公共自行车污染物减排量如表 1-5-9 所示。

表 1-5-9　2013 年盐田区公共自行车污染物减排量

污染物类型	SO$_2$	NO$_x$
污染物减排量（kg）	3 735	151 267.5

参考《抚顺市大气污染治理成本浅析》（刘润香和李鼎，2003）中 SO$_2$ 排放量削减所带来的净效益，每减少排放 1t SO$_2$ 就能创造 2.3 万元的效益；参考《城市生态系统服务功能价值评估初探——以深圳市为例》（彭建等，2005），以汽车尾气脱氮治理费用替代计算 NO$_x$ 减排效益，汽车尾气脱氮治理费用为 1.6 万元/t。

5.2.7.2　碳减排

根据盐田区统计数据，2013 年完成公共自行车租借 1494 万余车次，每天超过 5.5 万人次骑行量，车辆平均每天的使用频率达 9 或 10 次，远高于国内其他城市 3～5 次的使用频率。据统计，盐田区 2013 年公共自行车碳减排量为 3.63 万 t。

盐田国际已完成对 150 台龙门吊的"油改电"项目，通过改柴油驱动为电力驱动，2013 年二氧化碳排放量减少 6.6 万 t。盐田国际也成为国内首个对机械设备同时实施"油改电"和"油改气"双项改造的集装箱码头。

盐田港目前大约有 580 辆拖车实现了"油改气"，按此计算，拖车年消耗液化天然气（LNG）近 2000 万 m³，可替代柴油约 1800 万 L。依据《2006 年 IPCC 国家温室气体清单指南 第 2 卷 能源》，分别将消费的柴油和天然气实物量，乘以能量转换因子（GB/T 2589—2008），转换成以焦耳（J）为单位的能量值，再乘以《2006 年 IPCC 国家温室气体清单指南》的温室气体排放因子（取其缺省值），从而分别得出温室气体 CO_2、CH_4 和 N_2O 排放量，最后折算成 CO_2 当量（$CO_2 \times e$）（乘以不同的温室效应系数：$CO_2 \times 1$、$CH_4 \times 23$ 和 $N_2O \times 297$），计算得出 LNG 拖车碳减排量约为 9235t。

采用欧盟碳交易价格 1200 元/t 来替代计算盐田区碳减排价值。

5.2.8　环境健康

本研究采用逆向思维的方式，主要从空气污染对人体健康造成经济损失的角度来反推出环境健康价值。健康损失可以从两方面来考虑，一是由空气污染导致发病率（致病率）增加而产生的居民医疗费、误工费的损失，二是由空气污染导致居民寿命减短而造成的损失，表现为死亡率（致死率）增加。

5.2.8.1　发病造成的损失

（1）呼吸系统疾病患者住院人数与健康损失

参考已有的研究（於方等，2007），PM_{10} 每增加 $1\mu g/m^3$，呼吸系统疾病患者住院率将增加 0.12%。第四次国家卫生服务调查分析报告显示，居民年住院率为 40.3‰，呼吸系统疾病患者住院人数占住院总人数的 11.1%，因此得到呼吸系统疾病患者的住院率为 4.5‰。

与北京市 2013 年 PM_{10} 年均值相比，盐田区 2013 年 PM_{10} 年均值要低 $53.29\mu g/m^3$，也就是说，如果盐田区的空气质量恶化到北京市的状况，呼吸系统疾病患者住院率将增加 6.39%，呼吸系统疾病患者住院人数将增加 61.5 人。

呼吸系统疾病患者每住院人次的健康经济损失包括两部分。一部分是直接损失，即住院直接花费的医疗费。根据《盐田区 2013 年国民经济和社会发展统计公报》，盐田区人均住院费用为 5625 元。另一部分是间接损失，主要包括：患者因住院而造成的误工损失、陪护人员陪床所造成的误工损失、门诊就诊所需的交通费、营养费等（曹洁，2004）。具体计算公式如下。

住院损失＝住院医疗费＋（误工天数＋陪护天数）× 当年职工日均收入＋交通费＋营养费。

（2）呼吸系统疾病患者门诊人数与健康损失

第四次国家卫生服务调查分析报告显示，大中型城市居民呼吸系统疾病年就诊率为 74.04%。根据中国城市大气污染健康终端效应时间序列已有研究的元分析（meta-analysis）（於方等，2007），PM_{10} 每增加 $1\mu g/m^3$，呼吸系统疾病患者门诊率就会增加 0.012%。

与北京市 2013 年 PM_{10} 年均值相比，盐田区 2013 年 PM_{10} 年均值要低 $53.29\mu g/m^3$，也就是说，如果盐田区的空气质量恶化到北京市那种状况，呼吸系统疾病患者门诊率将增加 0.64%，呼吸系统疾病患者门诊人数将增加 1013.57 人。

呼吸系统疾病患者每门诊人次的健康经济损失也包括两部分。一部分是直接损失，即门诊直接花费的医疗费。根据《盐田区 2013 年国民经济和社会发展统计公报》，盐田区 2013 年人均门诊费用为 150 元。另一部分是间接损失，主要包括：患者因生病而造成的误工损失、陪护人员陪床所造成的误工损失、门诊就诊所需的交通费、营养费等（曹洁，2004）。具体计算公式如下。

门诊损失 = 门诊医疗费 +（误工天数 + 陪护天数）× 当年职工日均收入 + 交通费 + 营养费。

5.2.8.2　死亡造成的损失

根据世界卫生组织（WHO）（2005）《关于颗粒物、臭氧、二氧化氮和二氧化硫的空气质量准则》中的空气质量准则值及污染物浓度变化所对应的死亡风险变化率来核算环境健康价值。

在本研究中，主要分析 PM_{10}、$PM_{2.5}$ 和 O_3 这 3 种大气污染物对人类健康的影响。与北京市 2013 年公布的各类空气污染物的年均值对比，参考 WHO 的"污染物浓度 - 死亡风险"变化曲线来确定污染物浓度变化所对应的死亡风险变化率。

根据《深圳市盐田区环境质量分析报告》（2013 年度）中的监测数据，PM_{10}、$PM_{2.5}$ 和 O_3 的全区年均值分别为 54.81$\mu g/m^3$、35.58$\mu g/m^3$ 和 79.85$\mu g/m^3$（日最大 8h 平均）；北京市环境保护局（现北京市生态环境局）发布的《2013 年北京市环境状况公报》中这 3 种污染物的年均值分别为 108.1$\mu g/m^3$、89.5$\mu g/m^3$ 和 183.4$\mu g/m^3$（日最大 8h 平均）。二者对比数据见表 1-5-10。

表 1-5-10　2013 年盐田区 PM_{10}、$PM_{2.5}$、O_3 实测数据与北京市年均值的对比

监测因子	2013 年盐田区年均值（$\mu g/m^3$）	2013 年北京市年均值（$\mu g/m^3$）	差值（$\mu g/m^3$）
PM_{10}	54.81	108.1	−53.29
$PM_{2.5}$	35.58	89.5	−53.92
O_3	79.85	183.4	−103.55

根据《关于颗粒物、臭氧、二氧化氮和二氧化硫的空气质量准则》（世界卫生组织，2005），得到 PM_{10}、$PM_{2.5}$、O_3 这 3 种污染物浓度变化所对应的死亡风险变化率。根据《盐田区 2013 年国民经济和社会发展统计公报》，全区年末常住人口为 21.39 万人，其中户籍人口 5.50 万人，死亡率 1.50‰；非户籍人口 15.89 万人，死亡率 0.39‰；全区常住人口死亡率约为 0.68‰。

根据 WHO 的"污染物浓度 - 死亡风险"变化曲线，PM_{10}、$PM_{2.5}$、O_3 浓度每升高 1$\mu g/m^3$，所对应的死亡风险变化率分别为 0.3%、0.6%、0.067%，也就是说，与北京市 2013 年空气质量相比，2013 年盐田区 3 种污染物的死亡风险率分

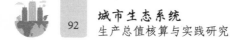
别降低 15.99%、32.35%、6.94%。

经计算，因 PM_{10} 浓度变化所致的死亡人数将减少 23 人，因 $PM_{2.5}$ 浓度变化所致的死亡人数将减少 47 人，因 O_3 浓度变化所致的死亡人数将减少 10 人。合计通过 PM_{10}、$PM_{2.5}$、O_3 减少引起的空气质量改善可以挽救约 80 条生命。盐田区 2013 年"污染物浓度 - 死亡风险"对应变化如表 1-5-11 所示。

表 1-5-11　盐田区 2013 年"污染物浓度 - 死亡风险"对应变化

评价因子	2013 年盐田区年均值与北京市年均值的差值（μg/m³）	污染物浓度每升高 1μg/m³ 所对应的死亡风险变化率（%）	所对应的死亡风险变化率（%）	所对应的死亡人数变化值（人）
PM_{10}	−53.29	−0.3	−15.99	−23
$PM_{2.5}$	−53.92	−0.6	−32.35	−47
O_3	−103.55	−0.067	−6.94	−10

注："−"表示"减少"或"降低"。

对于人类生命价值，可参考《基于 BenMAP 的珠三角 PM_{10} 污染健康经济影响评估》（段显明和屈金娥，2013）中"统计意义上的生命价值"（value of statistical life，VSL）来对死亡的经济影响进行估算，计算公式如下：

$$VSL_{SZ} = VSL_{PRD} \cdot (\frac{I_{SZ}}{I_{PRD}})^e \qquad (1-5-27)$$

式中，VSL_{PRD} 和 I_{PRD} 分别为珠江三角洲（简称珠三角）地区的 VSL 与人均年收入；VSL_{SZ} 和 I_{SZ} 分别为深圳地区的 VSL 与人均年收入；e 为收入弹性系数，通常取 1。

根据《2013 年广东国民经济和社会发展统计公报》，全年城镇居民人均可支配收入为 33 090.05 元。根据《深圳市 2013 年国民经济和社会发展统计公报》，全年深圳市居民人均可支配收入为 44 653 元。珠三角地区的 VSL 为 186.2 万元。代入计算，得到深圳地区的 VSL 为 251.3 万元 / 人。

5.3　盐田区城市 GEP 核算结果

基于盐田区 2013 年高分辨率遥感影像，结合所收集数据资料，对盐田区城市生态系统进行分类，分别测算出自然生态系统价值和人居环境生态系统价值，得到盐田区 2013 年的生态系统生产总值。

5.3.1　盐田区自然生态系统价值

深圳市盐田区 2013 年自然生态系统价值为 685.7 亿元，其中生态产品价值为 29.74 亿元，生态调节服务价值为 378.54 亿元，生态文化服务价值为 277.42 亿元。

5.3.1.1　盐田区生态产品价值

盐田区 2013 年生态系统产品产量、价格及经济价值如表 1-5-12 所示。其中农业产品主要是茶叶；林业产品包括普通成年树木、苗木、园艺作物和古树名木；渔业产品主要是指淡水、海水养殖的，可在市场上出售的水产品；水资源包括农业灌溉用水、城市工业用水、城市居民生活用水、城市公共用水和生态环境用水。

表 1-5-12　盐田区 2013 年生态产品价值

项目	产品	产量	价格	产值（元）
农业产品	茶叶	3t	533.3 元 /kg	1 599 900
林业产品	普通成年树木	约 511.5 万棵	500 元 / 棵	2 557 500 000
	苗木	约 90 万棵	300 元 / 棵	270 000 000
	园艺作物	5.4 万盆	10.56 元 / 盆	570 240
	古树名木	47 株	见表 1-5-13	30 307 640
渔业产品	水产品	24t	60.4 元 /kg	1 449 600
水资源	农业用水	81.92 万 m³	2.90 元 /m³	112 921 732
	城市工业用水	267.57 万 m³		
	城市居民生活用水	1 381.55 万 m³		
	城市公共用水	1 106.73 万 m³		
	生态环境用水	828.52 万 m³		

2013 年，盐田区生态产品总价值为 29.74 亿元。盐田区自然生态系统提供农业产品 3t，价值约 160 万元；林业产品价值为 28.58 亿元，占生态产品总价值的 96.10%；渔业产品 24t，价值约 145 万元；每年用水总量为 3666.29 万 m³，价值约 1.13 亿元。

除古树名木外，其他生态产品的价格均可以其市场价格来确定（普通成年树木的价格根据其市场价格除以其生长年份所得）。而古树名木的价值估算方法主要参照北京市《古树名木评价标准》（DB11/T 478—2007）来确定。

根据北京市《古树名木评价标准》（DB11/T 478—2007），古树名木价值＝古树名木的基本价值×生长势调整系数×树木级别调整系数×树木生长场所调整系数＋养护管理实际投入。古树名木的基本价值参照《深圳市园林苗木市场参考价格》（2013）和标准中的常见古树价值系数来确定（经咨询植物学专家后，部分树种可根据其生物学特征、形态大小、分布特点和珍稀程度参考标准中相近的树种来确定），树木生长势调整系数取 1，树木级别调整系数根据标准中的常见古树分级表来确定，树木生长场所调整系数为 4，养护管理实际投入依据北京市《古树名木日常养护管理规范》（DB11/T 767—2010）而定，自 1998 年 2 月 27 日《深圳市人民政府办公厅关于加强我市古树名木保护工作的通知》开始执行起，累计计算总投入。根据深圳市古树名木统计（2014 年 6 月），盐田区共存有古树名木 47 株，以樟树和榕树为主，详细信息见表 1-5-13。

表 1-5-13　盐田区古树名木价值

序号	中文名	树龄（年）	古树保护级别	胸径（m）	基本价值		生长势调整系数	树木级别调整系数	树木生长场所调整系数	养护管理实际投入（元）	价值（元）
					树木价值（元）	古树价值系数					
1	樟树	125	3	1.3	5 400.0	17	1	2	4	22 400	756 800
2	樟树	295	3	0.8	3 470.0	17	1	1	4	14 400	250 360
3	樟树	225	3	0.7	3 020.0	17	1	1	4	14 400	219 760
4	樟树	125	3	0.7	3 020.0	17	1	1	4	14 400	219 760
5	秋枫	125	3	0.7	3 330.0	17	1	1	4	14 400	240 840
6	秋枫	125	3	1.2	5 830.0	17	1	2	4	22 400	815 280
7	榕树	155	3	1.5	7 230.0	17	1	2	4	22 400	1 005 680
8	榕树	155	3	1.7	8 230.0	17	1	2	4	22 400	1 141 680
9	龙眼	95	3	0.4	1 850.0	19	1	1	4	14 400	155 000
10	龙眼	95	3	0.6	2 850.0	19	1	1	4	14 400	231 000
11	樟树	215	3	1.4	6 170.0	17	1	2	4	22 400	861 520
12	樟树	515	1	3.3	14 720.0	17	1	2	4	22 400	2 024 320
13	龙眼	100	3	0.7	3 350.0	19	1	1	4	14 400	269 000
14	龙眼	100	3	0.5	2 350.0	19	1	1	4	14 400	193 000
15	龙眼	100	3	0.5	2 350.0	19	1	1	4	14 400	193 000
16	假苹婆	90	3	1.1	6 320.0	17	1	2	4	22 400	881 920
17	山牡荆	130	3	1.1	5 300.0	19	1	2	4	22 400	828 000
18	樟树	165	3	1.0	4 370.0	17	1	2	4	22 400	616 720
19	樟树	165	3	1.1	4 820.0	17	1	2	4	22 400	677 920
20	樟树	165	3	0.9	3 920.0	17	1	1	4	14 400	280 960
21	秋枫	165	3	0.7	3 330.0	17	1	1	4	14 400	240 840
22	樟树	235	3	1.4	6 170.0	17	1	2	4	22 400	861 520
23	樟树	265	3	1.2	5 270.0	17	1	2	4	22 400	739 120
24	榕树	135	3	1.6	7 730.0	17	1	2	4	22 400	1 073 680
25	榕树	165	3	1.1	5 230.0	17	1	2	4	22 400	733 680
26	榕树	115	3	1.6	7 730.0	17	1	2	4	22 400	1 073 680

续表

序号	中文名	树龄（年）	古树保护级别	胸径（m）	基本价值		生长势调整系数	树木级别调整系数	树木生长场所调整系数	养护管理实际投入（元）	价值（元）
					树木价值（元）	古树价值系数					
27	榕树	195	3	1.2	5 730.0	17	1	2	4	22 400	801 680
28	榕树	150	3	2.1	10 230.0	17	1	2	4	22 400	1 413 680
29	榕树	110	3	1.4	6 730.0	17	1	2	4	22 400	937 680
30	樟树	80	3	0.6	2 570.0	17	1	1	4	14 400	189 160
31	樟树	80	3	0.6	2 570.0	17	1	1	4	14 400	189 160
32	樟树	130	3	1.2	5 270.0	17	1	2	4	22 400	739 120
33	榕树	135	3	1.4	6 730.0	17	1	2	4	22 400	937 680
34	榕树	135	3	1.6	7 730.0	17	1	2	4	22 400	1 073 680
35	榕树	135	3	0.6	2 730.0	17	1	1	4	14 400	200 040
36	朴树	115	3	0.7	3 300.0	19	1	2	4	22 400	524 000
37	樟树	275	3	1.5	6 620.0	17	1	2	4	22 400	922 720
38	樟树	275	3	0.9	3 920.0	17	1	1	4	14 400	280 960
39	樟树	375	2	1.9	8 420.0	17	1	2	4	22 400	1 167 520
40	樟树	275	3	1.3	5 720.0	17	1	2	4	22 400	800 320
41	榕树	135	3	0.9	4 230.0	17	1	1	4	14 400	302 040
42	榕树	125	3	1.2	5 730.0	17	1	2	4	22 400	801 680
43	榕树	125	3	1.0	4 730.0	17	1	2	4	22 400	665 680
44	榕树	125	3	0.9	4 230.0	17	1	1	4	14 400	302 040
45	榕树	125	3	1.6	7 730.0	17	1	2	4	22 400	1 073 680
46	榕树	125	3	0.8	3 730.0	17	1	1	4	14 400	268 040
47	榕树	115	3	0.4	1 730.0	17	1	1	4	14 400	132 040

5.3.1.2　盐田区生态调节服务价值

深圳市盐田区 2013 年生态调节服务总价值为 378.54 亿元（表 1-5-14）。其中涵养水源价值 64.87 亿元，调节气候价值 167.08 亿元，维持生物多样性价值 137.68 亿元。

表 1-5-14　盐田区 2013 年生态调节服务价值

服务功能	指标	功能量	价格	价值（亿元）
土壤保持	保肥量			0.049
	N 含量	33.06t/a	2 320 元 /t	
	P 含量	8.31t/a	760 元 /t	
	K 含量	1 376.76t/a	3 490 元 /t	
	减轻泥沙淤积	1.81 万 t/a	14.22 元 /t	0.002 6
涵养水源	调节水量	3.537 亿 m³/a	18.34 元 /m³	64.87

续表

服务功能	指标	功能量	价格	价值（亿元）
净化水质	净化水质	1.02 亿 m³/a	1.05 元 /m³	1.1
固碳释氧	固碳	18.88 万 t/a	1 200 元 /t	2.27
	释氧	14.00 万 t/a	3 000 元 /t	4.20
净化大气	产生负离子	5.86×10^{22} 个 /a	11.64 元 /(10^{18}· 个)	0.006 8
	吸收污染物			0.31
	吸收 SO_2	430.66t/a	3 000 元 /t	
	吸收 NO_x	1 846.04t/a	16 000 元 /t	
	滞尘	4.91 万 t/a	170 元 /t	0.083
洪水调蓄	湖泊	28.08 万 m³/a	18.34 元 /m³	0.75
	水库	381.78 万 m³/a	18.34 元 /m³	
降低噪声	造林成本	38.86 万 m³/a	240.03 元 /m³	0.14
调节气候	植物蒸腾	3.36×10^8 kJ/a	0.80 元 /(kW·h)	0.000 87
	水面蒸发	7.52×10^{13} kJ/a	0.80 元 /(kW·h)	167.08
维持生物多样性	物种保育			137.68

注：本表格中"价值"一列数据为以亿元为单位的修约数据，特此说明。

（1）土壤保持价值

盐田区土壤保持总量为 7.56 万 t，保肥总量为 1418.13t，经济价值为 488.8 万元；土壤保持功能减轻泥沙淤积量为 1.81 万 t，经济价值 25.8 万元，盐田区土壤保持功能总价值为 514.6 万元。

（2）涵养水源价值

由于 2013 年数据还未更新，因此计算中采用的年降水总量、入境水量和出境水量均为 2012 年的数值。盐田区年降水总量为 3.62 亿 m³，入境水量为 1840.13 万 m³，出境水量为 0m³。深圳市 2013 年的年均蒸发量为 1104.2mm，年蒸发总量为 2670 万 m³。根据公式计算得出生态系统涵养水源总量为 3.537 亿 m³，涵养水源总价值为 64.87 亿元。

（3）净化水质价值

盐田区年降水量为 2089.70mm，净化水质总量为 1.02 亿 m³，净化水质总价值为 1.1 亿元。

（4）固碳价值

根据各生态系统的净初级生产力得到固碳量和固碳百分比（表 1-5-15）。盐田区 2013 年生态系统固碳总量约为 18.88 万 t，总固碳价值为 2.27 亿元。其中林地固碳量约为 14.26 万 t，占 75.53%；海域固碳量约为 3.83 万 t，占 20.29%；城市绿地固碳量约为 0.54 万 t，占 2.88%。

表 1-5-15　盐田区生态系统净初级生产力及固碳量和固碳百分比

生态系统类型	主要植被	面积（km²）	净初级生产力 [g/(m²·a)]	固碳量（t）	固碳百分比（%）
林地	常绿阔叶林	46.01	1 912	142 560	75.53
湿地	沟谷雨林	0.69	2 200	2 462	1.30
城市绿地	常绿阔叶林 常绿灌草丛	2.57	1 306	5 443	2.88
海域	浮游植物、藻类	25.61	923	38 293	20.29

注：城市绿地的 NPP 取主要植被常绿阔叶林和常绿灌草丛的 NPP 的平均值。

（5）释氧价值

根据各生态系统的净初级生产力得到释氧量和释氧百分比（表 1-5-16）。盐田区 2013 年生态系统释氧总量约为 14.00 万 t，总释氧价值为 4.20 亿元。其中林地释氧量约为 10.58 万 t，占 75.57%；海域释氧量约为 2.84 万 t，占 20.26%；城市绿地释氧量约为 0.40 万 t，占 2.88%。

表 1-5-16　生态系统释氧量及释氧百分比

生态系统类型	主要植被	面积（km²）	净初级生产力 [g/(m²·a)]	释氧量（t）	释氧百分比（%）
林地	常绿阔叶林	46.01	1 912	105 817	75.57
湿地	沟谷雨林	0.69	2 200	1 822	1.30
城市绿地	常绿阔叶林 常绿灌草丛	2.57	1 306	4 028	2.88
海域	浮游植物、藻类	25.61	923	28 365	20.26

注：城市绿地的 NPP 取主要植被常绿阔叶林和常绿灌草丛的 NPP 的平均值。

（6）净化大气价值

盐田区 2013 年生态系统净化大气总价值为 3986.05 万元。根据生态系统的面积、植被平均高度及生态系统的负离子平均浓度来计算生态系统产生负离子的价值（表 1-5-17），总共产生负离子 5.86×10^{22} 个，价值为 68.2 万元。生态系统吸收 SO_2 量为 430.66t，价值约为 129.20 万元；吸收 NO_x 量为 1846.04t，价值约为 2953.66 万元。生态系统滞尘量为 4.91 万 t，价值为 834.94 万元。

表 1-5-17　盐田区生态系统生产负离子价值

生态系统类型	面积（km²）	植被平均高度（m）	负离子浓度（个 /cm³）	负离子生产费用 [元 /(10¹⁸· 个)]	生产负离子价值量（元 /a）
林地	46.01	8	2 982		671 518
湿地	0.69	8	1 409	11.64	4 758
城市绿地	2.57	4	998		6 276

（7）降低噪声价值

以造林成本的 15% 计算，盐田区生态系统降低噪声的总价值为 1399.28 万元。

（8）调节气候价值

盐田区 2013 年生态系统调节气候总价值为 167.35 亿元。其中植物蒸腾吸收热量为 $3.36 \times 10^8 kJ$，价值 8.75 万元；水面蒸发吸收热量为 $7.52 \times 10^{13} kJ$，价值 167.08 亿元。

（9）洪水调蓄价值

盐田区 2013 年生态系统洪水调蓄总价值为 7516.8 万元。其中盐田区湖泊面积为 $6.65 hm^2$，湖泊洪水调蓄能力为 28.08 万 m^3，湖泊调蓄价值为 514.98 万元；盐田区水库总库容为 748.43 万 m^3，水库可调蓄水量为 381.78 万 m^3，水库调蓄价值为 7001.84 万元。

（10）维持生物多样性价值

盐田区 2013 年生态系统维持生物多样性总价值为 137.68 亿元（表 1-5-18）。其中林地维持生物多样性价值为 89.70 亿元，占 65.15%；河流湖库维持生物多样性价值为 18.92 亿元，占 13.74%；城市绿地维持生物多样性价值为 17.99 亿元，占 13.07%。

表 1-5-18　盐田区生态系统维护生物多样性功能价值

生态系统类型	林地	城市绿地	湿地	河流湖库	裸土地	总计
面积（km^2）	6.90	2.57	0.69	1.72	3.48	
修正系数 η	1.3	0.70	1.1	1.1	0.10	
单位价值 [元/($m^2 \cdot a$)]	1300	700	1100	1100	100	
价值（亿元）	89.70	17.99	7.59	18.92	3.48	137.68

5.3.1.3　盐田区生态文化服务价值

深圳市盐田区 2013 年生态文化服务价值为 277.42 亿元（表 1-5-19），生态景观的休闲游憩价值为 82.24 亿元，景观贡献价值为 195.18 亿元。

表 1-5-19　盐田区 2013 年生态文化服务价值

服务功能	指标	功能量	价格	价值（亿元）
生态文化服务	休闲游憩	见核算	见核算	82.24
	景观贡献			195.18

（1）休闲游憩价值

2013 年盐田区各生态景区接待游客总数为 1865.04 万人次，盐田区 2013 年自然景观和人工景观的平均价值为 372.5 元 / 人（表 1-5-20），生态景区文化服务价值为 69.47 亿元；根据调查统计，东和法治文化主题公园等综合类公园的价值为 70 元 / 人（表 1-5-21），而居住在盐田区的居民大约有 30% 到过东和法治文化主题公园等综合类公园游玩，以盐田区常住人口的 30% 为基数，计算得到盐田区综合类公园的文化服务价值为 0.0044 亿元；根据问卷调查结果计算，居住在深圳市盐田区的居民对盐田区绿道的总支付意愿为 4.38 亿元，而深圳市其他区的居民的总支付意愿为 8.39 亿元，盐田区绿道的文化服务价值为 12.77 亿元（表 1-5-22）。

表 1-5-20　2013 年盐田区各生态景区文化服务价值

景点	文化服务价值				总价值（元 / 人）
	消费者支出（元 / 人）			消费者剩余（元 / 人）	
	门票	交通	其他		
东部华侨城	260		150	240	700
梧桐山	40	50	40	120	250
大梅沙	30		55	135	270
小梅沙	30		55	135	270
平均	90	50	75	157.5	372.5

表 1-5-21　2013 年盐田区综合类公园文化服务价值

景点	文化服务价值				总价值（元 / 人）
	消费者支出（元 / 人）			消费者剩余（元 / 人）	
	门票	交通	其他		
东和法治文化主题公园 / 双拥公园 / 海山公园	10	10	15	35	70

表 1-5-22　盐田区绿道文化服务价值

地区	人口数量（人）	人均使用绿道频率	人均支付意愿（元 / 次）	总支付意愿（亿元）	盐田区绿道文化服务价值（亿元）
盐田区	193 066	9 次 / 月	21	4.38	12.77
深圳市其他地区	9 327 017	2 次 / 年	45	8.39	

（2）景观贡献价值

根据盐田区生态景观的重建成本和重建所需的时间成本来替代计算生态景观贡献价值。盐田区景观的重建成本约为 97.2 亿元，重建所需的时间成本约为 48.24 亿元，经估算，盐田区 2013 年生态景观贡献价值为 145.44 亿元。

根据盐田区不完全统计数据，盐田区海景房面积约 828 975m²，海景房均价约在 4 万元 /m²。根据内涵资产定价法及购房者对滨海景观的边际支付意愿，计算得出盐田区滨海景观贡献价值为 49.74 亿元。

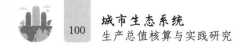
因此，盐田区生态系统的景观贡献价值为 195.18 亿元。

5.3.2　盐田区人居环境生态系统价值

深圳市盐田区 2013 年人居环境生态系统价值为 350.96 亿元（表 1-5-23）。其中，大气环境维持与改善价值 46.03 亿元，水环境维持与改善价值 115.06 亿元，土壤环境维持与保护价值 176.01 亿元。

表 1-5-23　盐田区 2013 年人居环境生态系统价值

服务功能	指标	功能量	价格	价值（亿元）
大气环境维持与改善	大气环境维持	74.63km²	0.6 亿元 /km²	46.03
	大气环境改善	4 天、193 066 人	161.23 元 /（年·人）	
水环境维持与改善	水环境维持	59.73km	17 755.35 万元 /km	115.06
	水环境改善	29 749.85 万 m³	3.03 元 /m³	
土壤环境维持与保护	土壤环境维持与保护	19.60km²	89 801.25 万元 /km²	176.01
生态环境维持与改善	生态环境维持与改善	2.70km²	9.12 万元 /hm²	4.20
		45.98km²	8.595 万元 /hm²	
声环境价值	声环境价值	见核算	见核算	3.53
合理处置固废	固废处理 固废减量 固废资源化利用	见表 1-5-24	见表 1-5-24	2.72
节能减排	污染物减排	SO_2：15.24t NO_x：153.28t	SO_2：2.3 万元 /t NO_x：1.6 万元 /t	1.37
	碳减排	11.2 万 t	1 200 元 /t	
环境健康	健康价值	见核算	见核算	2.04

5.3.2.1　大气环境维持与改善价值

（1）大气环境维持价值

根据盐田区 2013 年统计年报，盐田区辖区面积为 74.63km²。以 0.6 亿元 /km² 的大气环境治理成本来计算，盐田区大气环境维持价值为 44.78 亿元。

（2）大气环境改善价值

根据《深圳市盐田区环境质量分析报告》（2013 年度），盐田区 2013 年空气优良天数为 340 天，较上一年增加 4 天。以盐田区每增加 1 天优良天数，盐田区居民平均支付意愿约为 161.23 元 / 年来计算，纳入计算范围的人口约为 193 066 人。经计算，盐田区 2013 年大气环境改善价值为 1.25 亿元。

5.3.2.2　水环境维持与改善价值

（1）水环境维持价值

参照已达到较好成效并仍在继续恢复的龙岗河的单位河长治理成本（17 755.35 万元 /km），得到盐田区河流水环境维持价值为 106.05 亿元。

（2）水环境改善价值

根据盐田区 2013 年环境质量监测结果，盐田区除了沙头角河，其他河流均达 V 类水质。根据《深圳市水资源公报》，盐田区 2013 年地表水资源共 30 481 万 m^3，扣除未达到 V 类水质的沙头角河水量 731.15 万 m^3（沙头角河流域面积 4.15km²，平均产水模数为 176.18 万 m^3/km²，近似估算出沙头角河水量 731.15 万 m^3），盐田区地表水水质达到 V 类标准的水量为 29 749.85 万 m^3，乘以 V 类水价格，此部分价值为 9.01 亿元。

5.3.2.3　土壤环境维持与保护价值

参考其他城市土地污染治理工程的单位治理成本（89 801.25 万元 /km²）来估算将盐田区受污染土地修复为商业和居住用地的治理成本，并以受污染土地治理成本来替代计算盐田区土壤环境维持与保护价值。经计算，盐田区土壤环境维持与保护价值为 176.01 亿元。

5.3.2.4　生态环境维持与改善价值

以生态环境修复所需成本来计算生态环境维持与改善价值。盐田区生态用地面积为 51.10km²，以林地与城市绿地面积的比例约为 17 : 1 来计算生态用地造林面积和复绿面积。参考湖北、山西、安徽等地"矿山复绿"行动治理工程的单位面积治理成本的平均值（9.12 万元 /hm²），以及盐田区单位面积造林成本（8.595 万元 /hm²），估算出盐田区生态环境维持与改善价值为 4.20 亿元。

5.3.2.5　声环境价值

2013 年，盐田区常住人口 21.39 万人，居民人均可支配收入 42 224 元，区域噪声均值为 56.3dB。按照前述公式，计算得出盐田区声环境本应创造的总价值为 4.52 亿元，噪声污染造成的声环境舒适性服务功能损失 0.99 亿元。因此，盐田区 2013 年声环境价值为 3.53 亿元。

5.3.2.6　合理处置固废价值

盐田区产生的主要固体废弃物包括工业固体废弃物、城市生活垃圾及餐厨垃圾，2013 年这 3 类固体废弃物的产生量分别为 42 640t、77 000t、12 000t，与 2012 年相比，工业固体废弃物和城市生活垃圾的减少量分别为 −1824t 和 21 474t，对应的单位固体废弃物实际治理成本分别为 4000 元 /t、497 元 /t、198 元 /t。2013 年盐田区工业固体废弃物、城市生活垃圾和餐厨垃圾的循环利用率分别为 100%、23% 和 85%，其对应的资源化利用价值分别为 500 元 /t、1500 元 /t、783 元 /t。经计算，盐田区 2013 年合理处置固废所创造的价值为 2.72 亿元（表 1-5-24）。

表 1-5-24　2013 年盐田区固体废弃物产生量及处理成本

固体废弃物种类	固废产生量（t）	固废减少量（t）	单位处理成本（元 /t）	固废资源化利用价格（元 /t）	废弃物处理成本（万元）	固废减量价值（万元）	固废循环利用价值（万元）
工业固体废弃物	42 640	−1 824	4 000	500	17 056	−1 094.4	2132
城市生活垃圾	77 000	21 474	497	1 500	3 826.9	1 600.9	2 656.5
餐厨垃圾	12 000	—	198	783	237.6	—	798.66

5.3.2.7　节能减排价值

（1）污染物减排价值

盐田区 2013 年大气污染物 SO_2、NO_x 的减排总量分别为 15.24t、153.28t。以 SO_2 排放量削减所带来的效益（2.3 万元 /t）和汽车尾气脱氮治理费用（1.6 万元 /t）替代计算污染物减排价值。经计算，盐田区 2013 年污染物减排价值为 280.3 万元。

（2）碳减排价值

经计算，盐田区 2013 年由公共自行车、港口"油改电""油改气"项目等产生的碳减排量为 11.2 万 t。采用欧盟碳交易价格 1200 元 /t 来替代计算盐田区碳减排价值，得到盐田区 2013 年碳减排价值为 1.34 亿元。

5.3.2.8　环境健康价值

假设 2013 年盐田区空气环境质量恶化到如北京市那样的状况，呼吸系统疾病患者住院率将增加 6.39%，呼吸系统疾病患者门诊率将增加 0.64%，由呼吸系统疾病患者住院造成的健康损失为 906 817 元，由呼吸系统疾病患者门诊造成的健康损失为 2 473 110 元，由呼吸系统疾病引起的总损失为 338 万元。

经计算，盐田区 2013 年通过由 PM_{10}、$PM_{2.5}$、O_3 减少引起的空气质量改善可以挽救约 80 条生命，以深圳地区的 VSL 为 251.3 万元 / 人代入计算，得到由大气污染物导致的致死率保持在较低状态而产生的健康价值为 2.01 亿元。

经核算，盐田区 2013 年环境健康价值为 2.04 亿元。

5.3.3 盐田区城市 GEP 核算结果

通过初步核算，2013 年盐田区城市 GEP 为 1036.94 亿元，是当年 GDP（408.51 亿元）的 2.54 倍。以盐田区 2013 年常住人口 21.39 万人计，人均 GEP 为 48.48 万元。以盐田区辖区面积 74.63km² 计，单位面积 GEP 为 13.9 亿元/km²。GEP 中，自然生态系统总价值为 686.00 亿元，占 66.16%；人居环境生态系统总价值为 350.96 亿元，占 33.84%。从中不难看出，盐田区城市 GEP 价值较高，自然生态服务价值占了 GEP 很重要的一部分，说明盐田区相当重视自然环境保护，自然生态功能维持在相当好的状态。除此之外，盐田区通过建造环境污染物净化设施、实施生态修复工程等措施人为努力改善了城市环境，也正因为有人为的参与建设，城市中的生态景观变得更有吸引力、更具价值，其在城市中的贡献也得到了提高。

5.4 小结与分析

5.4.1 结果分析

随着经济的高速发展与人口增长，城市扩张迅速，城市生态环境结构和服务功能发生了明显的改变。原来以原生植被为主的自然景观逐渐被人工建筑所取代，城市森林和绿地面积也呈现整体下降趋势，导致了城市热岛效应、灰霾效应、雨洪雨污效应及水体富营养化等生态环境问题进一步加剧，直接影响了城市自然生态系统的生产能力和人居环境。在此情况下，除了加强对原有自然环境的保护外，还需要通过人工修建环保设施、人为实施环境修复工程来维持城市生态平衡，从而保障城市生态可持续发展。

本研究中将单纯自然生态系统生产总值的测算推广到了自然生态系统服务功能与城市环境建设和管理相结合的城市生态系统生产总值综合测算，不仅对城市中自然生态为人类福祉做出贡献的部分进行了核算，还在自然生态系统的基础上，加入了人为参与改造的人居环境生态系统的效益部分。对于一个发达城市的 GEP 核算，如果仅计算自然生态系统的部分，则很可能会使城市中人为努力对生态环境的贡献价值被低估或忽视。通过对城市 GEP 的研究，认识和了解自然生态系统为人类社会经济提供服务的价值量，以及人类为维持良好的生态环境，通过污染治理和生态建设等各种形式的资本投入，有助于加深对生态保护也是生产力的认识。

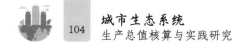
5.4.2 特色与不足

（1）特色

1）立足城市生态系统特点，建立了全新的、可操作的城市 GEP 价值构成体系，在自然生态系统价值核算的基础上增加了城市人居环境生态系统的价值，将人对生态环境管理的贡献体现在城市 GEP 中，综合反映了城市生态环境管理特点，符合城市实际。

2）建立了基于生态环境质量变化的差异化价格机制，使生态环境质量的变化在 GEP 中体现出来。

3）首次核算了盐田区的自然生态系统价值、人居环境生态系统价值和 GEP 总值，检验了核算体系的可用性，可从经济价值的角度为盐田区的可持续发展决策提供依据。

（2）不足之处

1）核算指标的选取有一定的局限性。有些指标分类过于细致，而有些重要的指标由于无法获得统计数据只能忽略，还有待统计体系完善后再行补充。

2）指标的定价方法选择相对单一。本研究中采用的定价方法均为应用相对较多的方法，一项指标只选取了一种方法，没有进行多种方法的比较，因此在核算方法的选择上不一定是最优的。

3）在对盐田区环境健康价值的核算中，由于缺乏对环境污染与人体健康的剂量 - 反应函数的研究，只是借鉴了他人研究的几种大气污染物的剂量 - 反应关系，其他环境污染物未能进行计算。

由于生态价值核算是一个涉及多学科、十分复杂的问题，在现有的研究水平，追求核算结果的完全精确尚不现实，而且 GEP 核算结果的变化情况可能比 GEP 绝对值的意义更大，因此，虽然本次核算存在一些简化和假设，还有不完善的地方，但其大方向正确，得到的结果和结论仍具有极高的参考价值。

城市 GEP 模块化研究与核算模型设计

6.1　模块化理论研究

　　模块化思想最早起源于赫伯特·西蒙在 20 世纪 60 年代提出的复杂系统设计的早期理论中，认为将复杂系统分解成一系列独立子系统可以有效处理复杂问题。模块化，英文为"modularity"，按照美国斯坦福大学经济学教授青木昌彦的定义，是指半自律性的子系统，是通过和其他同样的子系统按照一定规则相互联系而构成的更加复杂的系统或过程。每个模块的研发和改进都独立于其他模块的研发和改进，每个模块所特有的信息处理过程都被包含在模块的内部，如同一个"黑箱"，但是每个模块都通过一个或数个通用的标准界面与系统或其他模块相互连接。青木昌彦和安藤晴彦（2003）甚至认为，模块化就是新产业结构的本质。有建筑学家认为模块化作为一个规则被用于建筑设计，目的在于使建筑物的外形和环境更好地协调，并克服设计者认知上的不足。20 世纪 70 年代以后，模块化理论的研究逐渐延伸到产品设计、产品制造等方向（王赛赛，2015）。

　　随后，模块化理论被广泛应用于计算机的程序设计，程序员在编写计算机程序的时候，用主程序、子程序等框架把软件的主要结构描述出来，并定义和调试好各个框架之间的输入、输出链接关系，之后再逐条录入程序语句。通过某种规则，把复杂的系统或过程拆分成不同的模块，并使各模块之间通过"接口"进行动态信息沟通。

　　国际商业机器公司采用模块化设计的原理，生产出了第一台模块型计算机。在此之前，各主机制造商的计算机机型都是互相独立的，都是垂直一体化企业，各机型都有独特的操作系统、处理器、周边机器和应用软件等。不同品牌的产品和软件相互不能兼容。为了保证操作系统和应用软件的兼容性，该公司制定了统一的设计规则，把处理器和周边机器的设计信息分成看得见与看不见两类。通过模块化设计，他们创造了计算机"家族"的概念，把计算机整机分解成主板、处理器、磁盘驱动器、电源等功能相对独立的模块，这样，不同机型、不同品牌的计算机就能够使用同样的周边机器（孙晓峰，2005）。

　　模块化是产业分工细化的产物，在近几年也引起了生态环保、地理测绘等专业学者的关注，其理论也在相关领域得到应用。例如，模块化技术可被应用于废水废弃物处理、环境污染防治、污染物去除、空气污染监测预警系统设计、地理信息三维可视化系统设计等方面（刘振东和汪健，2016；陈海滨等，2003；徐祥等，2012；郭烨等，2017）。

　　随着科学技术的发展，模块化理论凭借模块分解与组合优势，在组织结构调整、产业升级、技术创新等问题上得到了广泛应用，成为信息时代的发展方向之一。

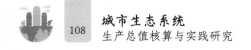
6.2　城市 GEP 模块化研究主要内容

城市 GEP 模块化是将城市 GEP 复杂的核算系统分解为更好的可管理模块的方式，每个模块完成一个特定的任务，所有模块组装起来通过信息传输能够满足整体核算体系所要求的功能。

城市 GEP 模块化研究主要包括以下 3 个方面。

（1）设计构建城市 GEP 核算平台的思路

基于盐田区城市 GEP 核算体系研究成果和管理应用的需要，明确城市 GEP 核算平台的设计目标和构建思路。该核算平台应能实现统一的数据上传存储、GEP 核算分析、GEP 核算结果统计。主要功能包括：地图基础功能、用户管理、权限管理、GEP 核算模型建立、核算指标构建、核算模板构建、指标数据管理、GEP 核算结果统计分析等。该平台的建立可推进 GEP 核算工作高效运行。

（2）建立统一的 GEP 核算数据库

按照一定的数据模型，把不同行政职能部门负责的生态资源数据统一组织和建立在 GEP 核算数据库中，由系统统一管理和集中控制，能够快速存储和管理 GEP 核算指标数据，实现数据共享，易扩展，并且保证数据的完整性和安全性。

（3）构建 GEP 模块电算化模型

根据盐田区城市 GEP 核算指标体系，通过自然生态系统价值与人居环境生态系统价值生成城市生态系统生产总值的逻辑关系研发电算化模型，实现各层核算指标的自动化计算，快速核算 GEP 各级指标结果，将工作人员从繁杂的数据、表单和手工操作的局面中摆脱出来，以提升工作效率。提高 GEP 核算管理水平，使 GEP 核算由线下管理向线上管理转变，为 GEP 核算信息化打下基础。推动 GEP 核算技术、方法、理论创新和观念更新，促进 GEP 核算工作的进一步发展。

6.3　盐田区城市 GEP 核算平台的设计思路

6.3.1　指导思想

随着应用的深入，在不久的将来，系统将会不断地扩展、深化，系统在应用体系结构和技术组合方面必须保证各专业系统的集成。因此，在设计过程中，提出开放和集成一体化的思路就是为了解决这个问题，并且对于相同性质的应用可以达到无缝集成。

在本系统中，开放性的设计思想体现在如下多个层面。

1）软件的平台选型：选用 ArcGIS 和 MS SQL Server 等当今主流平台，为系统的扩展提供基础平台层面的技术保证。

2）系统数据库设计：遵循 OpenGIS 标准，采用开放式设计来建立空间数据库，注重对空间数据和非空间数据的描述与组织，实现统一的存储和管理。

3）功能实现方面：基于组件式技术开发，结合用户的现有功能需求，提供各种应用接口，保证系统的扩充能力。

4）应用软件接口：系统注重接口的设计，充分考虑本系统与其他系统的连接，采用面向对象的技术，利用事件驱动和封装的思想为应用软件提供接口。

系统的集成一体化体现在数据和应用两个方面，大型关系型数据库 SQL Server 和 GeoDatabase 的概念使得数据的集成真正成为现实，在系统中，空间数据和规划管理数据集中存储在数据库中，通过元数据管理的方法，对各种数据赋予属性，实现数据的统一管理，从而达到数据集成的目的。

6.3.2 基本原则

为了系统建设能够更加合理、科学，系统必须安全、可靠、稳定，并具备很强的综合服务能力，我们将紧紧围绕系统的业务需求，从数据、用户业务等不同的角度出发进行方案设计。

方案设计从大局着眼，用系统工程的思想方法把握全局，遵循"平台稳定性、技术先进性、系统完整性、结构开放性、网络适应性"的设计思想，系统设计以需求为导向，注重科学性、实用性、先进性、可扩展性和安全性。

系统建设总体指导原则如下。

1）实用性。系统实用、美观、专业、规范。

2）稳定性。提供 $7 \times 24h$ 持续稳定的运作模式，系统发生故障的概率低。

3）先进性。系统结构设计合理，数据处理速度快、冗余性强，并具有数据安全防护功能。

4）标准化和规范性。遵从国家相关标准，数据标准化、界面规范化、设计合理化、操作人性化。

5）开放性。可与其他政府部门或其他系统进行数据交换，遵守开放地理空间信息联盟（Open Geospatial Consortium，OGC）标准，制定 OpenGIS 技术规范，可将不同的 GIS 软件平台、分布式异构数据通过标准接口进行转换，实现数据互操作。

6）可扩展性。系统的设计中，所有产品（包括软硬件）的选型及配置都充分考虑到整体系统的可扩展性。系统将满足随着业务的不断发展而随时增加用户及软硬件产品的需求。

7）保密及安全性。系统的网络配置和软件系统充分考虑数据的保密及安全。能够实现并能够对用户权限进行严格的设定，确保网络安全可靠地运行。

8）经济性。节省投资，充分挖掘现有的系统软硬件设备的使用潜力。

除了上述通用性原则之外，系统建设还遵循以下原则：总体规划、合理实施，大处着眼、细处着手，突出重点、讲究实效。

（1）总体规划、合理实施

在系统建设过程中必须遵循"总体规划、合理实施"原则。"总体规划"为信息化建设指明了整体建设方向，明确了总体建设目标及总体任务，实现了建设指挥工作的"运筹帷幄"，避免了由"管中窥豹"而产生的各种不可预测的问题，从而保证了项目的顺利实施。"合理实施"是指通过认真分析项目建设内容，将其分为不同的"子块"，根据"子块"间的相互关系，合理地安排各应用系统的建设计划。但这并不意味着"子块"的建设相互独立、毫无关系，恰恰相反，它们之间是有机联系、相互依赖的关系。因此，只有把握好"总体规划"并"合理实施"，才能使整个信息化的工作有条不紊地顺利进行。

（2）大处着眼、细处着手

GEP核算平台的设计首先要强调总体性、前瞻性，其次要考虑可操作性。我们把"向前看"作为系统设计的重点，同时充分考虑到系统的复杂性，在全面设计的基础上循序渐进，有计划地分步骤进行。因此本方案的制定本着"大处着眼、细处着手"的原则。

"大处着眼"是指站在用户的角度，全面地审视该系统是否真正满足现有及将来业务发展的需要，系统要有一定的前瞻性；"细处着手"是指项目的设计要考虑可操作性，切实脚踏实地地针对盐田区GEP的管理业务、需求和实际情况，以业务为导向，以数据为核心，进行方案设计。注重功能（业务）可操作性，即功能明确，且与日常业务和部门岗位挂钩，切实解决日常工作中的问题以提高效率。

（3）突出重点、讲究实效

系统建设必须在有限的时间与资金投入下，达到最优的效果。资源（时间、经费）的有限性是影响所有项目设计的一个关键因素，因此如何在有限的时间和投资范围内，解决更多、更实际的问题，成为系统设计要重点权衡的问题。在本方案的设计过程中，我们始终坚持"突出重点、讲究实效"的原则，在保证重点的前提下，通过采用灵活的体系结构，来达到将来扩展的目的。

6.3.3　系统体系结构

从应用角度上讲，GEP核算平台主要由GEP核算应用组成，在应用和数据之间通过专门的数据处理中心（即系统的核心应用层）来完成数据访问与处理等。

盐田区城市 GEP 核算平台的层次结构（图 1-6-1）采用的是三层结构模型，分为数据层、业务层和表现层。这种并行的组织架构为数据汇总、核算处理带来灵活性的同时，也是提升数据质量的重要手段。由于模块本身的独立性，数据的处理和实时更新变得相对容易，而且模块之间的联系有助于解决不同类型的统计数据之间的衔接与协调问题。

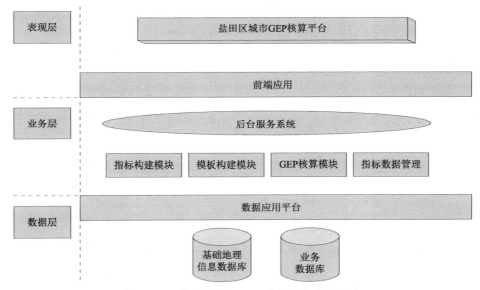

图 1-6-1　盐田区城市 GEP 核算平台总体结构

数据层包括基础地理信息数据库和业务数据库，具体包括六方面的内容：①实物账户数据，如林地面积、城市绿地面积、湿地面积、古树名木株数等；②质量账户数据，如大气环境质量指标数据、水环境质量等；③功能量账户数据，即生态系统服务功能，如林地固定二氧化碳量、释放氧气量、滞尘量、保持水土量、减少污染物量等；④价格数据，即各项生态系统服务功能的单价（多为替代价格），如固定 1t 二氧化碳的价格、涵养 $1m^3$ 水源的价格等；⑤资产账户数据，即以货币形式表现的生态系统服务功能的价值，如林地固碳功能价值、水土保持价值、减少污染物的价值、滞尘价值等；⑥空间数据、空间位置信息等。

业务层主要包括指标构建模块、模板构建模块、GEP 核算模块、指标数据管理等，它是系统的核心部分，系统通过对这些规则进行逻辑组织生成各种客户应用（即表现层），业务层的存在使系统的可扩充性和可维护性得到了极大的提高。业务层与表现层存在应用隔离，业务层通过服务（WebService）的方式与表现层通信，目的是解耦表现层，便于后期前端表现的调整。

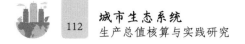

表现层即应用的客户端部分，它负责与用户打交道。前端应用系统的主要功能包括：地图浏览基础功能、GEP 核算结果查询等基础查询功能，还有数据编辑管理、数据统计等功能。

6.3.4　数据结构设计

遵循"数据和应用分离"的基本原则，所有数据资源集中管理、集中维护，分不同部分使用。空间数据、非空间数据分开存储，空间数据和非空间数据之间通过相关特征进行关联与体现，从而实现数据间的动态互访。

建立关系型数据库存储非空间数据，数据之间通过规则表和关系表实现相互关联、约束，从而实现数据的互访。

空间数据利用 Esri Sde 提供的全新的空间数据存储模型 Multiuser GeoDatabase 对空间数据进行存储管理，利用 VS. net 结合 ArcEngine10.0 提供的接口作为开发平台，坚持实用性、先进性、扩充性的设计原则，建立一个开放的、灵活的空间数据库。

空间数据库中的数据按照格式可以分为矢量数据 [即数字线划地图（digital line graphic，DLG）] 和栅格数据 [即数字高程模型（digital elevation model，DEM）、文档对象模型（document object model，DOM）与数字栅格地图（digital raster graphic，DRG）]。在数据库的逻辑设计中，对于这两种不同格式的数据的逻辑组织如图 1-6-2 和图 1-6-3 所示。

图 1-6-2　矢量数据的逻辑组织

图 1-6-3　栅格数据的逻辑组织

通过建立一整套完整的数据标准（分层、结构、编码），使空间数据在数据库中按"子库→大类→小类"的原则组织，根据数据用途和类型对数据进行分级细化，增强整个数据库的逻辑性，提高数据的访问效率，使用户可以方便地提取各类专题信息，实现不同类型数据的叠加调用。同时以实体为单位对数据库中的数据建立时间索引，以增量的形式记录实体的变化，在使用户可以方便地实现历史数据的同时，大大地节省了数据存储所需要的空间。

根据数据格式的不同，采用不同的存储机制。对于矢量数据，采用 SDE 提供的 GeoDatabase 模型对数据建模，通过面向对象的技术将数据库对数据的操作细化到具体的某一个空间实体。对于栅格数据，本着"务实、可行"的原则采用先行的压缩软件和文件管理的方式实现数据的存储。

GeoDatabase 是关系型数据库中空间数据的集合，它由矢量数据、栅格数据、表及其他一些 GIS 对象构成。在实现过程使用了对象数据库技术，提供了大型数据库系统在数据管理方面的优势（如数据的一致性、连续的空间数据集合、多用户并发操作等）。在 GeoDatabase 中，采用统一的数据模型存储空间数据及其属性，再通过空间对象之间的相互关系建立对象间的拓扑和连接规则、网络规则等。因此在 GeoDatabase 模型中包括以下几个对象类。

要素数据集（feature dataset）：即一组具有相同空间参考的要素类的集合，在要素数据集中不但包含组成要素数据集的要素类，还包含了各个要素类之间的拓扑关系、网络规则等。在面向对象的概念中，它往往表示一个专题类。

要素类（feature class）：同类空间要素的集合。要素类可以是要素数据集的子集，也可以在要素数据集的外边，作为一个独立的要素。

关系类（relationship class）：定义两个不同的要素类或对象类之间的关系，如从属关系和空间拓扑。

6.3.5　GEP 核算模型设计

GEP 核算模型的构建主要基于盐田区城市 GEP 核算体系的研究成果，整个模型分为 3 个层面：核算结果、逻辑指标、核算指标。图 1-6-4 即为 GEP 核算模型图。从右往左看，GEP 总值（对应一级指标）由核算指标、逻辑指标值逐级累加构成。依据模型创建的实例称为核算模板。

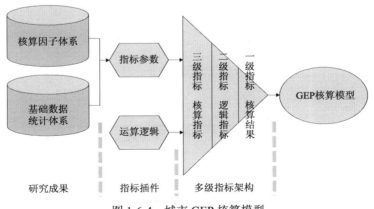

图 1-6-4　城市 GEP 核算模型

（1）核算指标

核算指标是具体的 GEP 值贡献者（对应三级指标），它由指标参数值加上运算逻辑得到。以"净化水质指标"为例，该指标的核算需要通过 3 个参数（年降水量、植被覆盖面积、污水处理费用）及特定的运算算法来完成。这 3 个参数即为图 1-6-4 中的指标参数，运算算法则为图 1-6-4 中的运算逻辑。其中指标参数值来自调查数据、学术研究成果等。

在系统设计过程中，核算指标是最为具体的一环，其实际需求变动也最为频繁，因此对指标参数及运算逻辑进行封装，将其设计为一个指标插件。随着以后研究的深入，只需要动态调整插件内部逻辑即可保证系统正常运行。

（2）逻辑指标

逻辑指标（对应二级指标）是一个逻辑组织，逻辑指标本身不产生具体的 GEP 运算值。其目的是方便对各个核算指标进行分级、分类管理。逻辑指标可能包含更深的逻辑分层或者直接包含核算指标。逻辑指标值由下一级逻辑指标或者核算指标累加而成。

（3）核算模板

图 1-6-5 是一个核算模型实例，GEP 总额（一级指标）、逻辑指标、核算指标都用线框相应地框出。其中逻辑指标包含了多个层级，每个层级的指标都称为逻辑指标。

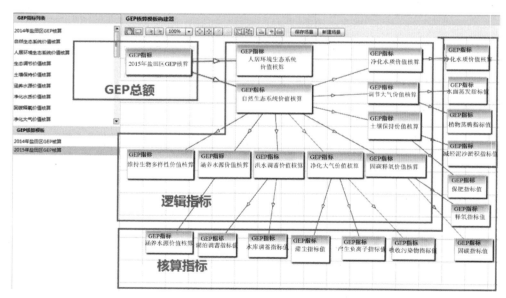

图 1-6-5　GEP 核算模板构建

具体到每一层级每个单元的核算，按照第 5 章所述的 GEP 核算方法，通过构建数学模型，根据统计模块中的指标数据，分级计算各部分指标价值，最后汇总计算得到城市生态系统生产总值。以生态系统的净化大气服务功能为例，其核算单元模型如图 1-6-6 所示。

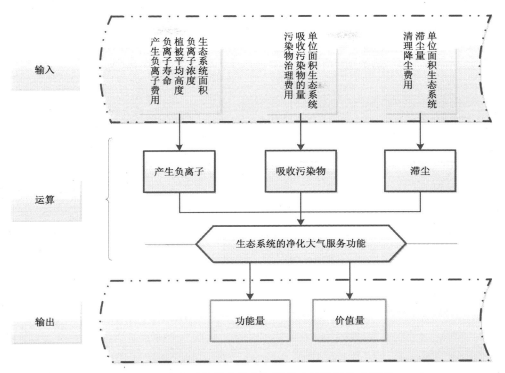

图 1-6-6　生态系统的净化大气服务功能核算单元模型

　　体系中的核算单元具有相对独立性，各单元可以进行单独的设计和运算，单元与单元之间互不影响。若核算结果出现错误，只需审核最有可能有问题的单元，不必检查全部单元，从而提高审核效率。

第 2 部分

城市 GEP 在政府管理中的应用

绪　论

7.1　研究背景

随着经济社会的快速发展，我国居民对物质进行追求的同时，对资源环境的诉求不断提高。我国也从单一地追求经济发展水平和物质增长，过渡到既要重视经济增长又要保护资源环境，再到现在既要经济社会高质量发展，又要少牺牲资源环境或不牺牲资源环境，即我国的发展已经从"以资源环境换取 GDP 增长"向"绿水青山就是金山银山"的发展理念转变。

2015 年 9 月，中共中央国务院印发的《生态文明体制改革总体方案》中提到，"树立自然价值和自然资本的理念，自然生态是有价值的，保护自然就是增值自然价值和自然资本的过程，就是保护和发展生产力，就应得到合理回报和经济补偿"。大力推进生态文明评价考核制度体系改革，"构建充分反映资源消耗、环境损害和生态效益的生态文明绩效评价考核和责任追究制度，着力解决发展绩效评价不全面、责任落实不到位、损害责任追究缺失等问题"。

2015 年 10 月，党的十八届五中全会中明确提出，"必须把创新摆在国家发展全局的核心位置，不断推进理论创新、制度创新、科技创新、文化创新等各方面创新"。促进人与自然和谐共生，"构建科学合理的城市化格局、农业发展格局、生态安全格局、自然岸线格局，推动建立绿色低碳循环发展产业体系"。

2015 年 12 月，中央召开城市工作会议，明确了"做好城市工作的指导思想、总体思路、重点任务"。会议要求"坚持以人民为中心的发展思想，坚持人民城市为人民""统筹空间、规模、产业三大结构，提高城市工作全局性""统筹规划、建设、管理三大环节，提高城市工作的系统性""统筹生产、生活、生态三大布局，提高城市发展的宜居性""统筹政府、社会、市民三大主体，提高各方推动城市发展的积极性"；尊重城市发展规律，在统筹上下功夫，"着力解决城市病等突出问题，不断提升城市环境质量、人民生活质量、城市竞争力，建设和谐宜居、富有活力、各具特色的现代化城市"。

长久以来广泛施行的 GDP 单一评价机制，显然无法满足当前生态文明建设的需要，因此一个与生态文明建设相匹配的评价指标急需建立。2014 年，深圳市盐田区贯彻响应党中央关于不断推进生态文明建设的要求，组织开展了 GEP 核算体系研究项目，构建出了一套符合城市现状，既体现自然生态系统服务功能，又体现人类为改善环境所做贡献的城市 GEP 核算体系。盐田区率先推出"城市 GEP"这个概念，通过多层次、多方面、多形式的思想碰撞和开拓，探寻真正适合区域可持续发展的理念和路径，既是从科学研究上对生态环境价值核算进行的创新探讨，也是从执政理念上对生态文明建设进行的实践摸索。

2015 年，盐田区将"城市 GEP 与 GDP 双核算、双运行、双提升机制构建"

纳入当年度的改革计划和政府工作报告中，被列为国家生态文明先行示范区和区"十三五"规划体制机制重点项目。通过建立 GEP 与 GDP 双核算、双运行、双提升机制，为城市绿色化转型发展指明了新方向，提供了新路径，全面推进了经济社会和生态文明建设的科学可持续发展。

为了保证 GEP 的延续性和长效执行性，盐田区提出建立"城市 GEP 与 GDP 双核算、双运行、双提升机制"，具体可从以下几个层面来实现：一是推进 GEP 进党政决策，通过将 GEP 纳入统计体系、公开发布、定期召开以 GEP 为主要内容的生态环境形势分析会等，使 GEP 切实成为政府决策的主要依据；二是将 GEP 内容纳入规划，通过设置目标、规划任务，从规划政策层面推进 GEP 与 GDP 双核算、双运行和双提升；三是 GEP 进项目，通过建立项目 GEP 评价机制、制定 GEP 与 GDP 双提升项目清单，从具体的计划和项目层面来影响政府的工作部署与综合决策；四是探讨 GEP 进入生态文明建设考核的方式，推动考核体制发展创新，以考促进。

通过 GEP 与 GDP 双核算、双运行、双提升工作机制的研究，建立长效运行机制，确保 GEP 与 GDP 双核算、双运行、双提升工作机制的长效运行，推进城市经济社会和生态系统的健康发展，推动盐田区绿色发展新路径的形成。

7.2 研究目的与意义

7.2.1 研究目的

通过设计 GEP 进规划、进项目、进决策、进考核的路径，建立 GEP 与 GDP 双核算、双运行、双提升工作机制，切实推进盐田区 GEP 与 GDP 双轨运行。具体来说，有以下几个方面。

（1）推进 GEP 进决策

将 GEP 纳入统计体系，建立 GEP 公开发布机制，使公众参与到 GEP 决策中。建立生态环境形势分析会制度，以 GEP 为重要内容，使之成为推进生态文明建设的重要决策平台，促进 GEP 与 GDP 双轨运行。

（2）研究 GEP 进入区域规划的路径

将 GEP 内容纳入国民经济和社会发展规划、城市土地利用规划、生态文明建设规划等多个规划中，明确"GEP 与 GDP 双轨运行"的规划目标和各项任务，布局和指导后续 GEP 核算工作的开展，推进 GEP 能够长期、稳定地运行，保证 GDP、GEP 持续提升。

（3）探索 GEP 进入项目评价的路径

将 GEP 不降低的要求落实到具体项目，将项目的 GEP 影响纳入项目立项审批实施全过程，通过定量、定性分析引进项目对区域 GEP 的影响，将 GEP 影响作为项目是否立项的依据；比选对 GEP 影响最小的方案，提出控制和改善的措施，确定项目引进和设计实施的方式。

（4）建立 GDP 与 GEP 双提升项目清单

基于 GEP 与 GDP 联系机制的研究成果，沿着生态资产进入经济系统的路径，主要从生态旅游、环保基础设施建设、环保产业发展、生态保护、生态修复、环境污染治理、清洁能源等项目考虑，提出可以促进 GDP 与 GEP 双提升的典型项目，形成类别清晰的项目清单，为城市经济社会与资源环境协调发展提出合理化建议。

（5）探索将 GEP 纳入生态文明考核的方式

探索建立 GDP 与 GEP 双提升的考核机制，逐步将 GEP 纳入年度生态文明考核、单位绩效考核、干部考核体系，加强对生态环境保护的考核力度，让生态环境效益成为政府决策的行为指引和硬约束，推动"唯 GDP"政绩观的彻底转变。

（6）建立长效运行机制

通过构建刚性约束机制、补偿机制、激励机制、损害惩罚机制等，建立一整套的长效运行机制，确保 GEP 与 GDP 双核算、双运行、双提升工作机制长效运行。

7.2.2　研究意义

（1）是对生态文明体制机制的创新

盐田区率先探索建立能反映自然价值、生态效益的 GEP 核算体系，并在连续两年开展城市 GEP 核算的基础上，对盐田区 GEP 与 GDP 双核算、双运行、双提升工作进行制度设计，将城市 GEP 纳入土地利用规划、国民经济和社会发展规划、生态文明建设规划与项目评价，将 GEP 纳入生态文明建设考核体系，实现城市 GEP 核算、评价、运行、考核等工作的常规化、制度化、规范化，确保"城市 GEP"运用"进规划、进项目、进决策、进考核"，使研究层面的成果切实进入实际应用。该工作是对长久以来 GDP 单轨运行制度的重要突破，是生态文明体制机制的创新，是贯彻国家建立完善生态文明制度体系、以制度保护生态环境精神的切实体现。

（2）是贯彻中央城市工作会议精神的勇敢尝试

中央城市工作会议要求"坚持以人民为中心的发展思想"，要求"统筹规划、建设、管理三大环节""统筹生产、生活、生态三大布局""统筹政府、社会、市民三大主体",在统筹上下功夫,"着力解决城市病等突出问题,不断提升城市环境质量、人民生活质量、城市竞争力,建设和谐宜居、富有活力、各具特色的现代化城市"。盐田区建立"城市 GEP 与 GDP 双核算、双运行、双提升机制",使 GEP 进规划、进项目、进决策、进考核,提高各方推动城市发展的积极性,促进城区生产高效、生活舒适、生态良好,提高城市发展质量,高度契合中央城市工作会议精神,是对会议精神的勇敢尝试。

（3）是盐田区协调发展的指挥棒

建立"城市 GEP 与 GDP 双核算、双运行、双提升机制",是自觉践行"创新、协调、绿色、开放、共享"发展理念的具体表现。通过定量分析并逐步提升城市生态系统的产出对城市的贡献,并将 GEP 指标转化为生态文明建设工作任务,全部纳入党政部门绩效考核、干部考核体系,将城市 GEP 提升为与 GDP 同等重要的指挥棒,全面推进经济社会和生态环境的协调发展,为城市协调发展提供指挥棒。

（4）为盐田区绿色化转型发展指明新方向

推行 GEP 与 GDP 双核算、双运行、双提升工作机制,通过监控经济社会发展过程中城市 GEP 的变化,在保障经济社会有质量地发展的同时,积极关注生态环境运行状况,有助于构建科学合理的城市化格局、生态安全格局、自然岸线格局；建立 GDP 与 GEP 双提升项目库和建设项目 GEP 评价机制,推动建立绿色低碳循环发展产业体系,提升辖区生态系统功能和资源环境质量,对制定城区绿色化发展战略、建设宜居美好城区、提升生态文明建设水平、促进人与自然和谐共生具有重要的推动作用。

（5）是公众共享发展成果的切实体现

良好的生态是最公平的福利,优质的环境是最基本的民生,绿水青山是群众所盼、发展所需。践行生态立区,生态为民,就是要回应公众对优质生态产品、优良生态环境的迫切需求,将良好的生态作为最公平的公共产品、最普惠的民生福祉。盐田区率先在国内建立了 GEP 与 GDP 双核算、双运行、双提升工作机制,提高了公众参与度,推进了公众共创共享城市 GEP,充分表明了盐田区始终把改善生态环境、提高百姓幸福指数作为生态文明建设的出发点和落脚点,让老百姓充分享受生态文明建设和城市发展所带来的"福利",真正践行人民城市为人民的理念,是共享发展成果的切实体现。

7.3　研究思路与技术路线

7.3.1　研究思路

借鉴城市可持续发展思想和生态文明建设理念，融合绿色低碳发展要求，在城市 GEP 核算体系研究的基础上，结合盐田区实际情况，创新建立盐田区 GEP 与 GDP 双核算、双运行、双提升工作机制。由于核算部分已在其他研究报告中详细阐明，因此本研究报告重点研究 GEP 进入盐田区国民经济和社会发展规划、城市规划体系、土地利用规划、综合发展规划、生态文明建设规划，进入党委政府决策和建设项目影响评价的路径，探索将 GEP 纳入政绩考核体系的方式，从生态建设、绿色发展等方面考虑提出 GDP 与 GEP 双提升项目清单，以实现 GEP 长期稳定运行为目标建立 GEP 长效运行机制，创新城市生态系统管理理念，优化生态管理模式，实现 GDP 与 GEP 协调机制的建设和推广。

7.3.2　技术路线

盐田区 GEP 与 GDP 双核算、双运行、双提升工作机制研究技术路线如图 2-7-1 所示。

7.4　研究特色与创新点

1）多层次共同推进。本研究分别从政策（战略）、规划和项目层面，将 GEP 提升的要求充分融入，共同推进 GEP 与 GDP 双核算、双运行、双提升工作。以政策（战略）指导规划，规划决定项目，以项目和规划来具体实现政策（战略）目标，3 个层面的工作层次递进，相辅相成，互为补充。

2）过程和结果并重。在 GEP 与 GDP 双核算、双运行、双提升工作机制中，既重视通过规划任务设置、具体项目实施等过程来推动 GEP 提升工作，也重视通过将 GEP 纳入生态文明建设考核来保证 GEP 提升效果。

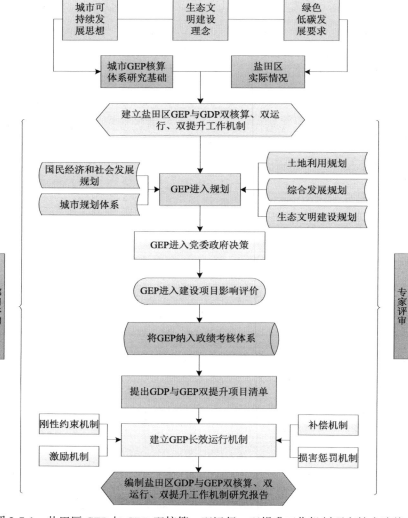

图 2-7-1　盐田区 GEP 与 GDP 双核算、双运行、双提升工作机制研究技术路线

规划先行，将城市 GEP 纳入区域发展规划

一个城市或区域的规划是城市或区域发展的蓝图，具有指导和规范城市或区域发展的重要作用。2015 年 12 月 20 日召开的中央城市工作会议就专门要求加强规划，并对规划的编制、执行等提出了专门的要求，"要综合考虑城市功能定位、文化特色、建设管理等多种因素来制定规划""规划编制要接地气""要在规划理念和方法上不断创新，增强规划科学性、指导性""规划经过批准后要严格执行，一张接一张干下去，防止出现换一届领导、改一次规划的现象"，等等，足见规划在城市发展中的重要作用。

综合分析对盐田区发展极为重要的国民经济和社会发展规划、土地利用规划、城市规划体系、综合发展规划、生态文明建设规划等，发现总体而言，这些规划中生态所占比重偏小，与当前"五位一体"的要求存在差距。根据中央城市工作会议精神的要求，本研究以系统思维的方式，对城市 GEP 与 GDP 双核算、双运行、双提升的要求进行深入分析，研究将城市 GEP 纳入规划的方法路径，实现"规划先行""多规合一"、从规划环节就将 GDP 与 GEP 双轨运行提升的要求渗透进城市发展的方方面面，以达到多方协调推进、提升城市管理水平的目的。

8.1 将 GEP 纳入国民经济和社会发展规划

8.1.1 将 GEP 纳入国民经济和社会发展规划的必要性

（1）城市国民经济和社会发展规划是部署城市未来社会经济发展的重大战略决策

国民经济和社会发展规划是对国家或区域一定时期的社会和经济发展所做出的战略部署。我国的市场经济体制尚处于不断健全和完善的过程，在发挥市场对资源配置的基础作用的同时，我国政府对经济活动还保持着强有力的干预和指导，而国民经济和社会发展规划正是我国政府调节市场经济并促进社会发展的一个重要手段，它对于促进我国社会经济发展的作用是巨大的。由国务院委托国家发展和改革委员会组织编制的"国家国民经济和社会发展五年规划纲要"在我国规划体系中居于最高的地位，是其他各级各类规划、年度计划及各项经济政策制定的依据。

同时，城市国民经济和社会发展规划纲要是对城市经济社会发展做出的总体安排和战略部署，内容涵盖广泛，涉及城市经济和社会发展中的所有重大问题与关键领域，也是制定城市其他各类规划，如城市总体规划、城市土地利用规划、重点项目规划的基础和依据。因此，我国城市国民经济和社会发展规划是关于城市社会经济发展的重大战略决策，其编制是否科学将直接影响到城市其他规划的科学性，并对城市今后五年甚至更远的发展及生态环境状况产生极其重大的影响。

（2）我国城市国民经济和社会发展规划重经济发展、轻环境保护的倾向依然存在

长时间以来，我国一直把经济增长作为规划的出发点，国民经济和社会发展规划也往往是侧重于经济发展。2015年11月4日，《中共中央关于制定国民经济和社会发展第十三个五年规划的建议》（以下简称《建议》）发布，《建议》中明确了"十三五"时期是全面建成小康社会决胜阶段，为达到2020年全面建成小康社会的总体目标，"十三五"期间仍要保持经济中高速增长，确保到2020年国内生产总值和城乡居民人均收入比2010年翻一番。可见，保持经济发展在我国下一个五年规划中仍旧是最核心和最重要的命题。

然而，随着经济的快速发展，我国经济正面临越来越大的资源、环境压力。"十一五"以来，国家将节约资源作为基本国策，提出了"发展循环经济，保护生态环境，加快建设资源节约型、环境友好型社会，促进经济发展与人口、资源、环境相协调"的要求。党的十八大更将生态文明建设纳入"五位一体"中国特色社会主义总体布局，要求"把生态文明建设放在突出地位，融入经济建设、政治建设、文化建设、社会建设各方面和全过程"，而《建议》中也明确了"十三五"期间要实现生态环境质量总体改善的目标要求，即"生产方式和生活方式绿色、低碳水平上升。能源资源开发利用效率大幅提高，能源和水资源消耗、建设用地、碳排放总量得到有效控制，主要污染物排放总量大幅减少。主体功能区布局和生态安全屏障基本形成"。

尽管如此，在"要保持经济中高速增长"的大背景下，有些地方政府仍然仅热衷于追求"GDP政绩"，而不考虑GDP的增长所带来的环境和资源代价，在城市国民经济和社会发展规划中的环保措施及其投资安排上也没有给予足够的重视，又因为我国缺少将生态环境保护理念纳入城市国民经济和社会发展规划的环境管理机制，城市国民经济和社会发展规划重经济发展、轻生态环境保护的倾向依然存在。

（3）将GEP纳入城市国民经济和社会发展规划是实现城市可持续发展的需要

城市是人类社会政治、经济、文化、科学教育中心，其经济活动和人口高度密集。随着我国城市化进程的不断加速，人口、资源、粮食、能源和环境等问题日益突出。为了解决现有的环境和资源问题，避免更大的环境污染、生态破坏，就必须在城市开发建设之前未雨绸缪，将生态系统的服务功能情况切实纳入城市发展相关战略决策中，特别是战略决策中处于较高层次的城市国民经济和社

会发展规划。

GEP，即生态系统生产总值，是一个与 GDP 相对应的、能够衡量生态系统状况的评估与核算指标。将 GEP 纳入城市国民经济和社会发展规划，可以预防规划实施后对城市生态系统造成的不良影响，并督促地方政府在规划过程中积极考虑城市生态系统价值，切实把可持续发展的思想渗透到经济社会发展战略中。

也就是说，GEP 可以确保可持续发展思想成为城市国民经济和社会发展规划的有机组成部分，并通过规划贯彻到城市的经济发展模式、社会生活及所有开发建设活动中。因此，将 GEP 纳入城市国民经济和社会发展规划是实现城市可持续发展的需要。

8.1.2 将 GEP 纳入国民经济和社会发展规划的思路

按照建立的城市 GEP 核算体系框架，对盐田区城市 GEP 进行核算，总结和评价 GDP 与 GEP 的变化情况。根据 GEP 与 GDP 双核算、双运行、双提升的工作要求，将 GEP 相关指标纳入国民经济和社会发展规划调控指标体系，作为衡量城市可持续发展的指标。

根据盐田区城市 GEP 核算结果和评价情况，针对盐田区城市生态环境结构和服务功能中存在的问题，提出维持城市生态平衡和保障城市生态可持续发展的具体规划策略。

8.1.2.1 规划编制前

盐田区国民经济和社会发展规划是由盐田区政府编制，经盐田区人民代表大会（简称人大）审议批准通过的具有权威性、严肃性的规范性文件，规划的依据及规划中提出的目标要求都应建立在科学、准确的数据基础上。

将 GEP 纳入国民经济和社会发展规划，首先要科学编制《盐田区城市生态系统生产总值（GEP）核算技术规范》[①]，规范城市 GEP 核算指标、核算因子和核算方法，制定盐田区城市 GEP 核算价格体系，确定城市 GEP 核算中各类生态系统服务功能的定价方法，对各类生态资源、环境质量进行差异化定价。

同时，应根据 GEP 与 GDP 双核算、双运行、双提升的工作要求，要求各有关单位在内部增加 GEP 指标统计内容，建立常态化工作机制，推进 GEP 核算工作高效运行，确保将 GEP 纳入国民经济和社会发展规划后能及时、准确地获取相关指标的信息，合理评价规划目标的完成情况。

盐田区率先建立 GEP 与 GDP 双核算、双运行、双提升机制，以 GEP 不降低作为经济发展的基础条件。因此应在科学核算 GEP 的基础上，总结和评价 GDP 与 GEP 的变化情况，找出 GEP 和 GDP 之间相互制约的因素，为制定国民

---

① 已在深圳市市场监督管理局立项，未印发

经济和社会发展规划中的经济发展与生态环境保护目标提供依据，确定在 GEP 不降低的条件下，评价国民经济和社会发展规划期间城市空间布局、产业布局、产业结构及交通发展的环境适宜性，并进行规划的循环经济水平分析。

8.1.2.2　规划编制阶段

（1）将 GEP 相关指标纳入规划调控指标体系

根据《深圳市盐田区国民经济和社会发展第十二个五年规划纲要》，盐田区"十二五"规划指标体系包含了创新发展、转型发展、低碳发展和和谐发展 4 个一级指标及战略性新兴产业增加值占 GDP 比重、地区 GDP、城市污水集中处理率、户籍人口自然增长率等 38 个二级指标。二级指标中代表地区经济发展的转型发展指标有 10 个，体现区域生态环境保护成效的低碳发展指标有 9 个。该指标体系通过万元 GDP 二氧化碳排放量、万元 GDP 能耗、万元 GDP 电耗、万元 GDP 水耗 4 个指标来体现地区经济发展与生态效益之间的协调关系。

"十三五"阶段，盐田区经济社会发展目标是：经济平稳健康发展，质量效益有效提升，产业结构持续优化，社会建设全面提升，民生幸福显著增强，生态文明加速推进，深化改革成果显著，"美好城区"建设取得显著成效，建成现代化国际化先进滨海城区，率先实现本区地区生产总值和居民人均收入较 2010 年翻一番的任务，全面建成高品质小康社会，为盐田区未来的长远发展打下坚实基础。根据《深圳市盐田区国民经济和社会发展第十三个五年规划纲要》，共设置了经济发展、城区发展、社会民生、生态文明四大方面 38 项二级指标（表 2-8-1），其中生态文明方面有 10 项指标，涵盖能耗、水耗、空气环境质量、垃圾处理、污水处理、公共绿地面积、排水达标小区、宜居社区、GEP 等方面，足见区委区政府对生态文明建设的重视程度。

表 2-8-1　盐田区"十三五"规划指标安排表

序号	指标名称	2015 年	2020 年	年均增长率	指标性质
一、经济发展					
1	地区生产总值（亿元）				预期性
2	全社会固定资产投资（亿元）				预期性
3	社会消费品零售总额（亿元）				预期性
4	公共财政预算收入（万元）				预期性
5	第三产业增加值占 GDP 比重（%）				预期性
6	战略性新兴产业增加值占 GDP 比重（%）				预期性
7	集装箱吞吐量（万 TEU）				预期性
8	旅游总收入（亿元）				预期性
9	全社会研发支出占 GDP 比重（%）				预期性
10	每万人专利授权量（件）				预期性

续表

序号	指标名称	2015 年	2020 年	年均增长率	指标性质
二、城区发展					
11	城市户均网络接入水平（M）				预期性
12	居民用户优质饮用水覆盖率（%）				约束性
13	宜居社区比例（%）				预期性
14	公共交通站点 500m 覆盖率（%）				预期性
15	排水达标小区覆盖率（%）				预期性
16	完成城市更新项目（个）				预期性
三、社会民生					
17	居民人均可支配收入（元）				约束性
18	年末常住人口数（万人）				预期性
19	城镇登记失业率（%）				约束性
20	基础教育规范化学校覆盖率（%）				约束性
21	每万人"110"有效治安刑事警情接报数（件）				约束性
22	亿元 GDP 生产安全事故死亡率（人 / 亿元）				约束性
23	住房保障工作目标责任完成率（%）				约束性
24	每千人口医疗机构床位数（张）				约束性
25	每万人注册志愿者人数（人）				约束性
26	每万人室内公共文化设施面积（m^2）				预期性
27	每万人公共体育设施面积（m^2）				预期性
28	居民诉求表达畅通率（%）				预期性
四、生态文明					
29	GEP 总量（亿元）				预期性
30	万元 GDP 能耗（t 标准煤）				约束性
31	万元 GDP 水耗（m^2）				约束性
32	空气质量优良天数（以 AQI 计）（天）				预期性
33	$PM_{2.5}$ 平均浓度（$\mu g/m^2$）				约束性
34	城市生活垃圾无害化处理率（%）				约束性
35	餐厨垃圾无害化处理率（%）				约束性
36	城市生活污水集中处理率（%）				约束性
37	新建绿色建筑比例（%）				约束性
38	人均公园绿地面积（m^2）				预期性

GEP 作为反映生态文明建设水平的一个强指示性指标，已被纳入盐田区国民经济和社会发展"十三五"规划。由于 GEP 是个全新的核算指标，目前国内并无太多经验可以借鉴，盐田区 GEP 核算也只开展了 3 年：2013 年、2014 年、2015 年盐田区城市 GEP 分别为 1036.9 亿元、1066.8 亿元、1088.5 亿元，年变化

率分别为 2.88% 和 2.0%[①]，3 年数据的变化规律不足以支撑对 2020 年 GEP 绝对量的预测。考虑到生态系统的稳定性，城市 GEP 不可能一直提升。因此，建议以 GEP 不降低作为约束性底线，在此基础上适当提升，以此衡量和展示盐田区生态系统状况的变化，可以体现盐田区生态文明建设的成效，另外也体现了盐田区生态系统对其经济社会发展的支撑作用。

（2）明确工作任务要求

将 GEP 纳入国民经济和社会发展规划，提出生态系统生产总值发展要求的同时，要合理提出相应的规划策略和任务要求。

城市生态系统生产总值包括两个部分，分别是自然生态系统价值和人居环境生态系统价值。自然生态系统价值又包括生态产品价值、生态调节服务价值和生态文化服务价值。人居环境生态系统价值则主要指通过生态建设和环境管理等实现生态环境的维护与改善所具有的经济价值。可见，要实现生态系统生产总值不降低的目标，要从维持自然资源存量、维护生态环境质量、加强生态环境建设和环境污染防治等方面入手。

《深圳市盐田区国民经济和社会发展第十三个五年规划纲要》中以强化生态环境优势、保障生态安全、发展生态经济、建设生态社会、创新生态文明制度体系为主要任务，提出了动员全社会力量共同建设生态文明的多条具体措施要求，但是对于 GEP 与 GDP 双核算、双运行、双提升的制度化工作未有过多涉及。

因此，建议将 GEP 深刻融入国民经济和社会发展规划，一方面要明确建立完善 GEP 与 GDP 双核算、双运行、双提升工作机制，建立区域社会经济与生态效益并行模式；另一方面需要进一步强化维持自然资源存量和维护生态环境质量的具体措施，如严格执行生态红线制度，编制自然资源资产负债表，对领导干部进行自然资源资产离任审计，维护大气、水、土壤环境质量，提高资源环境承载力，形成绿色、低碳发展模式导向，建立大型项目 GEP 影响评价机制，优先支持 GDP 与 GEP 双提升项目，增加用于保护和提高生态系统面积与质量的资金、劳动及技术的投入等一系列规划策略。

8.1.2.3 规划实施阶段

将 GEP 纳入国民经济和社会发展规划，要配套建立规划实施和评估机制，规范实施主体行为，使规划走向制度化、法制化和规范化，充分调动各方面积极性，确保国民经济和社会发展规划中与 GEP 相关的各项目标任务得以实现。

（1）组织保障

区委、区政府及各负责单位和职能部门应认真组织实施规划，切实保障规

---

① 由于 2012 年未开展核算，因此 2012～2013 年无变化率

划纲要对维护全区城市生态系统价值的总体指导和调控作用。坚持战略、规划的连续性，制定好相应的专项规划和年度计划，细化目标，分解任务，明确年度推进工作重点和推进措施，确保把规划的各项任务和措施落到实处，实现"GEP不降低"的总体目标任务。各部门要根据本纲要，针对所负责领域的相关任务，制定具体措施。

（2）制度保障

积极推动盐田区 GEP 与 GDP 双核算工作机制和双考核、年度城市 GEP 评估、大型项目 GEP 影响评价等相关工作机制的建立，用完善的制度推进城市生态系统生产总值的维护工作。

（3）资金保障

将维护城市生态系统价值的专项资金纳入国民经济和社会发展规划中的资金与物资综合平衡。发挥投资调节作用，各级政府要按照建立公共财政的要求，把维护城市生态系统价值的资金纳入本级年度财政预算，保证逐年有所增长。对于生态保护和建设，重要生态功能区、自然保护区和生物多样性保护与建设，生态环境监督能力建设等社会公益型项目，要以政府投资为主体，实施多元化投资。同时，要加快资金审核拨付，保证各项资金及时到位。

（4）项目保障

从生态旅游、环保基础设施建设、环保产业发展、生态保护、生态修复、环境污染治理、清洁能源等项目考虑，积极推动 GDP 与 GEP 双提升项目，并制定相应的鼓励政策，引导激活社会投资。对主要项目进行分类指导、分级负责、分步实施。建立健全项目目标责任制和规划项目动态跟踪管理工作的良性机制。

（5）人才和技术保障

一方面要加强维护城市生态系统价值的宣传和人才培训，重视维护城市生态系统价值的基础教育和专业教育，组织编写面向社会各层次的科普读物；建立城市生态系统价值教育中心，开展"绿色学校"等公益活动；加强对各级领导干部和企业法人、经营者的相关知识培训。另一方面要围绕发展循环经济、生态环境保护与建设、清洁生产技术与工艺、资源综合利用等，在资金、技术、人才、管理等方面积极开展国际国内交流与合作；积极引进、推广国内外的先进技术和管理经验，以保障区域城市生态系统价值的稳步提升。

8.1.2.4 中期评估

根据国民经济和社会发展规划的实施要求，加强对规划实施过程的跟踪分析，对规划体系中主要目标任务的进展情况进行客观评价，判断规划实施阶段各项做法、技术、措施对于 GEP 工作和 GEP 提升的效用，对存在的主要问题及原因进行深入分析，并根据区域发展环境变化，提出进一步推动规划顺利实施的对策建议，形成中期评估报告。

8.1.2.5 规划修订

完善国民经济和社会发展规划体系，细化及修编规划中与 GEP 相关的部分。基于规划中期评估结果，结合规划中远期目标，在系统评估现阶段情况与规划目标的差距的基础上，全面分析规划修订的必要性和可行性，明确修订思路和修订内容，建立"编制—实施—评价—修订"的滚动机制。

8.1.3 小结

综合以上分析，将 GEP 纳入国民经济和社会发展规划，需在规划编制前对区域生态系统生产总值进行科学核算，评价在 GEP 不降低的条件下，国民经济和社会发展规划期间城市空间布局、产业布局、产业结构及交通发展的环境适宜性；在规划编制过程中，将 GEP 相关指标纳入规划调控指标体系，并提出以提升生态环境质量和生态系统服务功能为核心的规划任务要求；在后续的规划实施阶段，需要在组织、制度、资金、项目和人才技术等方面提供保障，确保各项规划任务达标；于规划实施中期，对主要目标任务的进展情况进行评价，形成中期评估报告；基于中期评估结果，分析研判规划修订的必要性。

8.2 将 GEP 纳入城市规划体系

8.2.1 城市规划体系概况

我国城市规划由城市人民政府依据国民经济和社会发展规划，统筹兼顾当地的自然资源和历史现状，为确定城市规模和发展方向，实现城市经济和社会发展目标，合理利用城市土地，协调城市空间布局等所做的一定期限内的综合部署和具体安排。从规划编制内容和作用来看，城市规划首先是对国民经济和社会发展规划中确定的相关内容在空间上的战略部署，通过规划合理确定城市的发展规模、速度和内容。随着城市发展的快速进行，城市规划已经从实施计划的技术工具升级为实施宏观调控的政策工具。而且，城市规划的发展影响着城市空间的架构和演变。城市规划从城市土地使用的配置和安排出发，建立了城市未来发展的空间结构，限定了城市各项建设的空间区位和建设强度，在具体的建设过程中起到了"监督者"和执行者的作用。

《深圳市城市规划条例》中规定，"土地利用和各项建设应当符合城市规划，服从规划管理。城市规划确定的基础设施项目，应当纳入深圳市国民经济和社会发展计划"。深圳的城市规划编制体系由"总体规划—次区域规划—分区规划—法定图则—详细蓝图"5 个层次构成。

全市总体规划由市政府组织编制，主要根据全市发展策略确定的城市性质、发展目标和发展规模，对城市规划区内的城市发展形态、次区域及组团结构划分、城市建设用地布局、交通运输系统及全市性基础设施的布局、农业及环境保护、风景旅游资源的开发利用等进行总体部署，并确定各专项规划的基本框架。

"次区域规划由市规划主管部门组织编制"。"次区域的范围由市政府依据全市总体规划确定"。"次区域规划应根据全市总体规划制定，指导次区域内土地利用和各项城市建设"。

"分区规划由市规划主管部门或其派出机构组织编制"。"分区的范围由市规划主管部门根据次区域规划的城市组团结构布局，参照河流、山脉、道路等地形地物的分界并结合行政区划确定"。分区规划是在城市总体规划和次区域规划的基础上，对局部地区的土地利用、人口分布、公共设施、城市基础设施的配置等方面所做的进一步安排。

法定图则由市规划主管部门根据全市总体规划、次区域规划和分区规划的要求组织编制，主要"对分区内各片区土地利用性质、开发强度、配套设施等作进一步明确规定"。

"详细蓝图由市规划主管部门或其派出机构编制、审批"，"根据法定图则所确定的各项控制要求制定，详细确定片区或小区内的土地用途及各市政工程管线等项目的布置"。

从上面的分析可以看出，城市规划的 5 个层次均由市政府或者市规划主管部门组织编制，盐田区并不直接组织编制工作，但可在城市规划编制的各个阶段积极提出意见和建议，充分参与。

8.2.2 将 GEP 纳入盐田区分区规划的思路

由于 5 个层次的城市规划中，盐田区分区规划是针对盐田区范围、聚焦盐田区发展建设的切实指导性文件，因此将城市 GEP 纳入盐田区分区规划中最为合适。该规划的主要内容包括：城区发展策略、城区性质与规模、城区土地综合利用、城市布局结构、建设用地规模、道路交通规划、绿地系统与旅游规划、环境卫生设施规划、环境保护规划、电力工程规划、电信工程规划、给水工程规划、排水工程规划、燃气工程规划、近期建设规划等。

将 GEP 纳入盐田区分区规划的主要思路如下。

1）在城区发展策略中明确将"城市 GEP 与 GDP 双轨运行"、确保 GDP 与 GEP 双提升，不以破坏生态环境为代价实现经济增长，推进经济社会与生态环境协调发展等策略写入规划。

2）在城区土地综合利用章节，从提升 GEP 的角度出发，提出更加严格的生态环境保护用地保护和管理的要求，增加提升生态用地质量和功能的要求。

3）在绿地系统规划章节，强化改善绿地系统生态功能的要求。

4）在环境保护规划章节，将 GEP 体系中人居环境生态系统价值部分的环境质量改善指标要求增加进来，建议在规划区环境目标中增加环境质量反降级的要求。

将以上内容写入盐田区分区规划后，应加强对规划实施过程的跟踪分析，对规划体系中 GEP 目标任务的进展情况进行客观评价，基于规划中期评估结果，及时修订和调整规划。

8.3　将 GEP 纳入土地利用规划

8.3.1　土地利用总体规划的主要内容

（1）规划地位

土地利用总体规划是在一定区域内，根据国家社会经济可持续发展的要求和当地自然、经济、社会条件，对土地的开发、利用、治理、保护在空间、时间上所做的总体安排和布局，是国家实行土地用途管制的基础。土地利用总体规划是指在各级行政区域内，根据土地资源特点和社会经济发展要求，对今后一段时期内（通常为 15 年）土地利用的总安排。土地利用总体规划作为土地利用管理工作的"龙头"，其核心内容是确定或调整土地利用结构和用地布局。

土地利用总体规划依法由各级人民政府组织编制，国土资源行政主管部门具体承办。土地利用总体规划是实行最严格土地管理制度的纲领性文件，是落实土地宏观调控和土地用途管制，规划城乡建设和统筹各项土地利用活动的重要依据。各地区、各部门、各行业编制的城市、村镇规划，基础设施、产业发展、生态环境建设等专项规划，应当与土地利用总体规划相衔接。

（2）主要内容

根据《土地利用总体规划编制审查办法》，土地利用总体规划应当包括下列内容。

1）现行规划实施情况评估。

2）规划背景与土地供需形势分析。

3）土地利用战略。

4）规划主要目标的确定，包括：耕地保有量、基本农田保护面积、建设用地规模和土地整理复垦开发安排等。

5）土地利用结构、布局和节约集约用地的优化方案。

6）土地利用的差别化政策。

7）规划实施的责任与保障措施。

8.3.2　将 GEP 纳入土地利用总体规划的可行性分析

根据《广东省深圳市土地利用总体规划（2006—2020 年）》，深圳市土地利用规划体系分为市级和功能片区两个层级。市级规划含中心城区，包括福田区、罗湖区、南山区、盐田区；中心城区外编制 4 个功能片区土地利用规划，分别是宝安片区、龙岗片区、光明片区、坪山片区。市级土地利用总体规划由深圳市人民政府组织编制，经国务院批准后，由深圳市人民政府组织实施。国家和省主要管控深圳市市域建设用地、农用地、其他土地总规模，中心城区土地利用规模和布局，以及基本农田的数量和位置。可见，盐田区的土地利用空间体系、用地管控要求、土地用途分区和空间管制要求等都由市人民政府统一规划并实行管理。因此，本研究认为从行政权限的角度考虑，盐田区人民政府直接将 GEP 纳入全市的土地利用总体规划，对盐田区土地利用目标、土地利用结构和布局进行调整，存在一定难度，但可在全市土地利用总体规划编制的各个阶段主动作为，充分介入。

8.3.3　将 GEP 介入市级土地利用总体规划的思路

（1）规划编制前

在市级土地利用总体规划编制前期阶段，盐田区就应以建议的形式充分介入。可就现行规划（盐田区部分）的实施情况进行评估，就辖区土地的供需形势进行分析，基于 GEP 的分析对辖区土地利用战略、土地利用结构、布局和节约集约用地提出优化方案，并提出土地利用的差别化政策建议，供市政府在编制土地利用总体规划时充分吸收采纳。

（2）规划编制

在市级土地利用总体规划大纲和规划成果编制的过程中，须多次征求各区及相关职能部门的意见。建议盐田区政府针对规划大纲或者盐田区的土地利用规划内容，参照规划环境影响评价的做法，以 GEP 作为一项量化指标，对土地利用变化的生态环境影响进行综合分析,使规划实施后可能造成的生态环境影响不会被经济效益掩盖,作出有利于盐田区 GEP 提升、促进环境友好的土地利用决策。据此,向市级土地利用总体规划大纲和规划成果编制单位提出有益于盐田区 GEP 提升的土地利用建议。

具体来说,结合盐田区国民经济和社会发展现状,以统筹协调区域土地资源的开发、利用和保护为原则,以加强生态环境效益建设为目标,发挥土地管理制度改革和自主创新作用,加强土地宏观调控,将土地资源利用与 GEP 提升工作相融合,明确与生态系统价值建设相关的具体工作任务,落实规划实施的保障措施,因地制宜,突出区域土地利用特色,促进城市土地集约、规范、可持续发展。

在规划任务方面,应积极协调土地利用与生态建设,优化土地结构布局,结合 GDP 与 GEP 双提升的要求,提出调整区域土地资源利用的对策建议。具体考虑以下几方面。

1)构建生态屏障网络用地:以基本生态控制线范围内的生态用地为基础,优化城市空间结构和提升城市生态功能。严格控制基本生态控制线范围内的土地开发建设,对生态效益有负面影响的建设项目实施 GEP 补偿措施,逐步清退不符合相关管理规定的建设用地,形成区域永久性基本生态屏障。

2)协调节能减排设施用地:以港口、公交场站、社区绿道等为重点,进一步加强绿色、低碳系统的建设,积极推进以绿色公共交通、低排放海运港口为主导的城市开发模式,适时对现有的能源设施进行大规模升级改造,减少对城市生态环境的负面影响。

3)合理拓展绿色生态空间:以大片林地、园地、水体、湿地为主要载体,以块状绿地为支撑,以生态核心为中心,建立绿色联结带,协调配置生态用地与建设用地,在建成区之间合理组合水体、山体、绿地等,构建一体化格局的宜居绿色空间。

4)塑造土地利用景观风貌:强化盐田区拥山滨海、人文与自然景观紧密交融的城市意象,塑造系统化、人性化和多样化的土地利用景观风貌。依托连续的带状山林地,构筑区域城市景观的主体骨架和生态系统的核心结构。顺应自然地貌形态,因地制宜,建设串联各公园绿地、社区绿地、旅游风景区和城市建成区,形成具有区域特色的城市景观轴带,提升城市景观价值。

(3)规划落地实施

在土地利用总体规划实施过程中,定期监测盐田区 GEP 的变化情况,对规划实施过程中对 GEP 的不利影响、制约因素等进行深入分析,并根据区域建设用地需求、生态保护需求等,以保证 GEP 不下降为基本条件,提出下一步工作重点和调整方案,以建议的形式提交市政府和市规划国土部门,以便在市近期建设和土地利用规划及年度计划中采纳吸收，必要时按照程序提出土地利用总体规划修改建议。

8.3.4　将 GEP 纳入土地利用专项规划的思路

盐田区率先建立 GEP 与 GDP 双核算、双运行、双提升机制，以 GEP 不降低作为地区发展的基础条件，并将其写入国民经济和社会发展规划，这势必会对土地的开发、利用、治理、保护在空间、时间上所做的总体安排和布局产生一定影响。在《盐田区城市建设与土地利用"十三五"规划（2016—2020）》中，可以考虑按如下思路将 GEP 纳入此类专项规划。

8.3.4.1　介入途径分析

GEP 介入盐田区近期建设与土地利用"十三五"规划的途径有两种：一是将 GEP 作为评价指标纳入土地利用规划环评中，二是直接将 GEP 内容纳入区土地利用"十三五"规划。

8.3.4.2　将 GEP 纳入土地利用规划环评

（1）规划环评

环境影响评价（environmental impact assessment，EIA）是指对规划和建设项目实施后可能产生的环境影响进行分析、预测与评估，提出预防或者减轻不良环境影响的对策措施，进行跟踪监测的方法与制度。战略环境评价（strategic environmental assessment，SEA）是指对计划、政策或规划及其替代方案的环境影响进行系统、规范、综合的评价，包括根据评价结果提交的书面报告，已将评价结果应用于负有公共责任的决策。SEA 具有高层次性和综合性特点，充分考虑了引起环境变化的种种因素，直接作用于决策层，被认为是实现可持续发展及促进环境保护与经济发展相互协调的重要决策工具之一。

自 2003 年 9 月 1 日起施行的《中华人民共和国环境影响评价法》明确规定："国务院有关部门、设区的市级以上地方人民政府及其有关部门，对其组织编制的土地利用的有关规划，区域、流域、海域的建设、开发利用规划，应当在规划编制过程中组织进行环境影响评价，编写该规划有关环境影响的篇章或者说明。规划有关环境影响的篇章或者说明，应当对规划实施后可能造成的环境影响作出分析、预测和评估，提出预防或者减轻不良环境影响的对策和措施，作为规划草案的组成部分一并报送规划审批机关。未编写有关环境影响的篇章或者说明的规划草案，审批机关不予审批。"

2009 年，国家为了加强对规划的环境影响评价工作，提高规划的科学性，从源头预防环境污染和生态破坏，促进经济、社会和环境的全面协调可持续发展，根据《中华人民共和国环境影响评价法》进一步制定了《规划环境影响评价条例》。其中规定，"国务院有关部门、设区的市级以上地方人民政府及其有关部门，对其组织编制的土地利用的有关规划和区域、流域、海域的建设、开发利用规划（以下称综合性规划），以及工业、农业、畜牧业、林业、能源、水利、交通、城市建设、旅游、自然资源开发的有关专项规划（以下称专项规划），应当进行环境影响评价"。编制综合性规划，应当根据规划实施后可能对环境造成的影响，编写环境影响篇章或者说明；编制专项规划，应当在规划草案报送审批前编制环境影响报告书。环境影响篇章或者说明、环境影响报告书（以下称环境影响评价文件），由规划编制机关或者组织规划环境影响评价的技术机构编制。规划编制机关应当对环境影响评价文件的质量负责。

《规划环境影响评价条例》规定，"对规划进行环境影响评价，应当分析、预测和评估以下内容：①规划实施可能对相关区域、流域、海域生态系统产生的整体影响；②规划实施可能对环境和人群健康产生的长远影响；③规划实施的经济效益、社会效益与环境效益之间以及当前利益与长远利益之间的关系。环境影响篇章或者说明应当包括下列内容：①规划实施对环境可能造成影响的分析、预测和评估。主要包括资源环境承载能力分析、不良环境影响的分析和预测以及与相关规划的环境协调性分析；②预防或者减轻不良环境影响的对策和措施。主要包括预防或者减轻不良环境影响的政策、管理或者技术等措施。环境影响报告书除包括上述内容外，还应当包括环境影响评价结论。主要包括规划草案的环境合理性和可行性，预防或者减轻不良环境影响的对策和措施的合理性和有效性，以及规划草案的调整建议"。

《规划环境影响评价技术导则 总纲》（HJ 130—2014）中规定了规划环境影响评价的工作流程，详见图 2-8-1。

（2）GEP 作为评价指标纳入土地利用规划环评

土地利用规划环境影响评价是在对土地利用规划区域生态环境现状认真研究的基础上，识别、分析、预测和评价规划实施后可能产生的环境影响，提出预防或者减轻土地利用规划实施对各种环境要素及其所构成的生态系统产生的不良环境影响的对策和措施，进而对其进行完善及寻求替代方案。土地利用规划环境影响评价是进行跟踪监测的一种方法和制度，是以实施预防为主方针、提高土地利用规划科学性、实现土地资源可持续利用、促进区域可持续发展的重要工具和手段。土地利用规划环评技术路线见图 2-8-2。

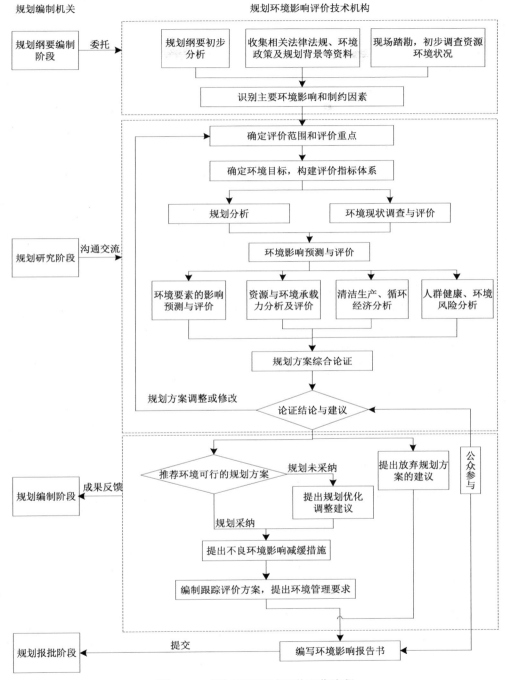

图 2-8-1　规划环境影响评价工作流程

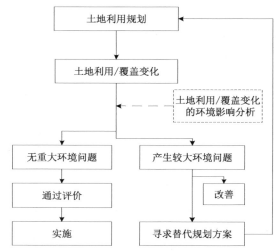

图 2-8-2　土地利用规划环评技术路线

　　尽管《中华人民共和国环境影响评价法》和《规划环境影响评价条例》未明确要求区级政府的专项规划必须开展规划环评，但由于盐田区的近期建设和土地利用专项规划非常重要，对于区域的生态环境、社会经济、资源利用等均会产生显著影响，因此，建议盐田区针对《盐田区城市建设与土地利用"十三五"规划（2016—2020）》开展规划环评，根据规划实施后可能对环境造成的影响，编写环境影响篇章或者说明，预防有重大缺陷的土地利用规划的出台和实施对环境造成不良影响，从源头上预防，为科学决策提供依据。

　　土地利用专项规划的实施必将使土地利用类型在数量上和空间布局上发生变化，从而对土地生态系统服务的能力和强度产生影响，进而影响到 GEP。《规划环境影响评价技术导则 总纲》（HJ 130—2014）中就推荐了生态系统服务功能评价方法和生态系统敏感性评价方法等，目前已有在土地利用规划环评中引进生态系统服务功能评价的成功案例，通过计算规划实施前后区域生态系统服务功能价值量的变化，预测、分析规划对生态环境造成的影响。GEP 作为一个综合反映生态环境状况的指标，也可作为规划环评中的重要量化指标，对土地利用变化的生态环境影响进行综合分析。据此，形成环境影响篇章或者说明，阐明下列内容：①规划实施对环境可能造成影响的分析、预测和评估。主要包括 GEP 分析、不良环境影响的分析和预测，以及相关规划的环境协调性分析。②预防或者减轻不良环境影响的对策和措施，主要包括预防或者减轻不良环境影响的政策、管理或者技术等措施。具体的步骤如下。

　　1）土地利用规划分析。重点分析规划目标和方案中土地利用的结构与分区布局，识别规划实施前后区域内土地利用方式的改变。

　　2）区域生态环境现状调查。识别区域主要的生态环境问题，特别是区域内各种生态系统的特征等。

3）生态影响综合评价。以 GEP 作为评价指标，按照盐田区城市 GEP 核算流程，根据区域生态环境的具体情况和所获得的数据，计算规划实施前后区域 GEP 价值量的变化，预测、分析规划对生态环境造成的影响。根据盐田区城市 GEP 核算结果和评价情况，梳理盐田区城市生态系统服务功能与土地利用规模、结构、布局之间的焦点问题和矛盾，探寻问题症结，并提出相应对策。

4）分析土地利用专项规划目标，比较各规划方案的环境可行性，提出预防或减轻不良环境影响的措施等。

盐田区政府可要求规划编制机关在报送审批规划草案或规划成果时，将环境影响篇章或者说明作为规划草案或规划成果的组成部分一并报送规划审批机关。未编写环境影响篇章或者说明的，规划审批机关应当要求其补充；未补充的，规划审批机关不予审批。

8.3.4.3　将 GEP 纳入区土地利用专项规划

根据市土地利用总体规划中的盐田区土地调控指标，结合盐田区 GEP 与 GDP 双核算、双运行、双提升工作目标，明确在维持当前的城市生态系统生产总值不降低的情况下，盐田区生态用地的主要调控指标和土地利用结构，对盐田区的近期建设和土地利用布局进行优化。

（1）规划编制

在规划编制过程中，需要根据城市发展进程，科学测算城市扩展、产业发展建设用地需求及其缺口，同时充分考虑 GEP 提升的要求，对用地指标要进行科学分配和优化布局，并使其合理搭配、相互调剂、高效利用。要妥善解决好生态环境保护问题，确保全区生态保护面积不减少、质量不下降，应着重将以下内容纳入土地利用专项规划。

1）合理调整土地利用结构：在土地利用结构调整过程中，应明确建设用地结构，新增建设用地主要用于保障城市战略性重点发展地区建设，以及产业升级转型、战略性新兴产业、先进制造业、高新技术产业、金融、现代服务业等发展用地供应，加强土地利用的规划审查和计划管理，对严重影响城市生态系统价值的开发建设不予审批。建设用地清退与生态优化、维持城市生态价值相结合；保持生态用地的面积及比例，根据盐田区 GEP 核算的结果，将维持盐田区现有城市生态系统生产总值不降低所需要的生态用地面积作为具体的调控指标，谨慎、适度地开发土地后备资源。

2）优化土地利用布局：《广东省深圳市土地利用总体规划（2006—2020 年）》提出的全市生态建设总体目标是"维护区域生态安全格局，促进城市生态功能改善，新建一批风景名胜区、自然保护区、森林公园和郊野公园，加快生态风景林工程建设，强化海洋生态环境和海岸线自然景观保护，做好城市水土保持方面的生态建设工作。到规划期末，全市占市域土地面积 40% 的生态重点保护区得到有效保护，森林覆盖率达到 50%，自然保护区和自然保护小区面积达到市域面积的 12%，退化生态系统得到合理修复，人为水土流失得到有效控制，生态系统功能明显增强，全面实现建设生态城市的目标"。盐田区在此基础上将"维护城市生态系统生产总值不降低"作为区域生态建设目标之一。从加强基本生态控制线管理，保护生态控制线外生态用地安全，合理构建城市生态廊道体系，协调盐田区以外生态用地分布、构建一体化格局的城乡绿色空间等途径优化土地利用布局。

3）构建环境友好型土地利用模式：探索"功能占补平衡"的生态用地保护模式，基于土地资源约束特征，采取生态保育措施提高现有生态用地的服务功能，在确保耕地保有量、基本农田不减少和禁止建设区不被占用的基础上，实施生态用地的功能置换，实现生态用地的"功能占补平衡"，确保土地生态服务功能总价值不下降；协调土地开发与绿地建设，在保证生态系统稳定和良性循环的基础上，为市民提供最大限度的绿色游憩空间；保护水土资源，控制水土流失，对裸土地实行整治复绿工程，提高区域植被覆盖率，保持生态系统服务功能。

4）严控土地利用重大工程：制定近期建设实施项目汇总，根据现状条件、土地供应、资金等因素，对规划实施项目进行优先级别筛选，分重点、分时序、分主体地进行项目库构建，结合 GDP 与 GEP 双提升项目清单，优先发展生态旅游、环保基础设施建设、环保产业发展、生态保护、生态修复、环境污染治理、清洁能源等项目。

（2）落实保障措施

1）强化生态用地保护：按照数量、质量和生态三方面管护的要求，加大对生态用地的保护力度，建立生态用地保护补偿制度，确保基本生态控制线内生态用地数量不减少、质量有提高。充分发挥各类生态用地的生态系统功能，健全生态用地保护的经济激励和制约机制。

2）推进生态用地管理信息化建设：建立基于"3S"技术和网络化管理模式的生态用地管理体系，实现对生态用地全方位、全过程和全覆盖管理。构建生态用地动态监测体系，建立土地利用预警系统。

（3）规划定期评估和适时修订

规划实施评估是计划管理工作的重要组成部分。规划编制部门应当在规划实施阶段适时组织开展对规划实施情况的评估。对规划实施情况做出一个科学的评估，有助于判定前期制定的规划是否妥当、目标是否符合实际、提出的任务是否能够完成、措施是否得当。规划评估报告是调整修订规划的重要依据。

由于土地利用专项规划在编制时具有各种不确定因素，在规划实施过程中同样会遇到各种不确定的情况，为使土地利用专项规划适应宏观经济形势的变化，充分发挥土地利用规划的统筹管理作用，应建立盐田区土地利用专项规划定期评估和适时修改制度，把静态的土地利用规划编制与动态的实施管理相结合，保持规划的现势性和合理性。开展该工作，能更好地统筹土地利用与经济社会发展的关系，合理调控各类用地的数量和时序、结构与布局，为盐田区经济社会生态环境发展提供强有力的用地保障。

因此，建议盐田区在规划实施过程中，把规划期分为若干个时间段，每个时间段末对规划进行一次定期评估，并以 GEP 作为重要评价指标。通过定期对规划目标、效益、空间布局、实施措施等情况进行系统客观的分析评价，分析规划实施后对于 GEP 提升的效用，找出规划实施过程中出现的问题并提出改进意见。并且在定期评估的基础上，根据需要对土地利用专项规划进行适时修改。通过定期评估—适时修改这一过程，把静态的规划编制与动态的实施管理相结合，保持规划的现势性与合理性，保障和促进科学发展。

规划评估工作可以由编制部门自行承担，也可以委托有资质、独立的社会中介机构具体负责。规划评估单位应当按照规定提出中期评估报告。评估报告经规划咨询委员会或者其他有资质的单位组织论证后，作为修订规划的重要依据，由规划编制部门报送规划审批单位。相关地区和部门也要密切跟踪分析规划实施情况，及时向规划编制部门反馈意见。

8.3.5　小结

综合以上分析，将 GEP 纳入土地利用规划分为两个层面。对于市土地利用总体规划，由于其中盐田区的土地利用空间体系、用地管控要求、土地用途分区和空间管制要求等都由市人民政府统一规划并实行管理，直接将 GEP 纳入土地利用总体规划存在一定难度，但可在土地利用总体规划编制和实施过程中，主动作为、充分介入，针对该规划进行 GEP 评估，根据 GEP 评估结果向市政府和市规划国土部门提出建议与意见。

对于盐田区政府制定的近期建设与土地利用专项规划，GEP 可从两方面介入：一是将 GEP 作为评价指标纳入土地利用规划环评中，以得到确保 GEP 不降低的科学合理的土地利用规划；二是将 GEP 内容纳入区土地利用"十三五"规划，在充分解析盐田区"GEP 与 GDP 双核算、双运行、双提升"工作对土地利用的目标要求的基础上，提出维持城市生态系统生产总值不降低的土地利用策略。充分考虑 GEP 提升的要求，对用地指标要进行科学分配和优化布局并合理搭配，确保全区生态保护面积不减少、质量不下降。

8.4　将 GEP 纳入盐田区综合发展规划

8.4.1　盐田区综合发展规划概况

由于历史原因，深圳的国民经济和社会发展规划、城市规划与土地利用总体规划的规划主体、技术标准、编制办法不同，规划目标有差异，有些内容并不协调统一。各规划中涉及空间资源利用的内容技术标准不协调、表述方式不一致、规划期限不统一，不仅导致土地不能高效利用，而且使得建设项目选址难、"落地"难，国民经济社会发展与城市建设不能深度融合。

盐田区委区政府对此高度重视，为了更好地谋划近期和远期发展的综合战略，2015 年启动了"多规合一"工作，开展了《盐田区综合发展规划（2014—2030）》编制工作，以解决当前城市发展态势对社会与人口、港口与城区、经济与产业、空间与更新、交通与配套、特征与环境等多方面发展问题，确定盐田区未来的定位、目标、战略。

盐田区综合发展规划属非法定规划，主要起到技术支撑作用，意在以"多规合一"的创新编制方式解决现实问题，与近期建设规划和"多规合一"的实施规划充分衔接。该规划期限分为两个阶段：近期（2020 年前）——与深圳总规对接，与市、区"十三五"规划协调；远期（2020～2030 年）——根据港城发展研判，适当做远景描绘。该规划作为分区规划层面的统领类规划，统一全区发展设想，对于未来全区发展专项规划的制定具有较强的指导作用。因此，非常有必要将城市 GEP 与 GDP 双核算、双运行、双提升工作纳入该规划。

8.4.2　将 GEP 纳入盐田区综合发展规划的思路

在 2015 年 4 月《盐田区综合发展规划》的初步成果中，综合发展规划在认真梳理盐田城区发展特征、发展历程的基础上，深入剖析了城区发展面临的困境，客观研判了城区发展机遇与主要要素发展形势，确定了城区发展目标，明确了城区定位（东部湾区门户、山海特色之城），提出了产业发展策略、空间发展策略和社会发展策略。基于此，本研究提出将城市 GEP 与 GDP 双核算、双运行、双提升的要求融入综合发展规划的思路。

1）在城市发展目标量化体系中纳入城市 GEP 指标，可设置地均 GEP 或 GEP 变化（本年度 GEP 与上年度 GEP 的比值，≥1）指标要求。

2）将城市 GEP 与 GDP 双提升项目库中的五大类产业（生态旅游类、低碳节能环保类、生态修复类、文化创意类等）融入产业发展策略。同时，在港口物流业发展策略中强化低碳、绿色发展的要求，在旅游服务业发展策略中强化生态旅游资源保护的要求。

3）综合发展规划征求意见稿中，空间发展策略重点关注优化港城空间格局、加强山海通廊建设、加强城市特色营造等内容，应加强生态空间保护、生态功能提升方面的内容，可结合生态功能区划，明确对生态空间的分区分级控制和精细管理要求。在空间开发和管理中应强化 GEP 提升的要求，如在填海中应系统研究填海的适宜性，确定科学合理的填海规模等，尽量减少其生态影响；增加生态环保基础设施规划建设内容，以解决邻避效应带来的落地难问题；充分实现发展与保护协调并进的目的。

4）社会发展策略中应加强公众参与生态文明建设、提升 GEP 的内容，社区发展部分也应加强低碳、绿色发展的要求。

5）建议综合发展规划中增加生态环境保护专章，明确生态环境保护的目标、陆海统筹的生态保护策略、推进生态文明建设的政策措施、GDP 与 GEP 双提升的要求等。

8.5 将 GEP 纳入生态文明建设规划

8.5.1 将 GEP 纳入生态文明建设规划的背景

生态文明建设规划是指导地区生态文明建设的战略性、纲领性文件。党的十八大把生态文明建设纳入中国特色社会主义事业"五位一体"总体布局，明确提出大力推进生态文明建设。各级政府高度重视生态文明建设工作，相继出台了本辖区生态文明建设规划。《中共深圳市委 深圳市人民政府关于推进生态文明、建设美丽深圳的决定》提出，要不断"完善生态文明建设推进机制。编制全市生态文明建设规划，明确生态文明建设的目标要求、主要任务和保障措施"。

2014 年 5 月，盐田区制定和出台了《盐田区生态文明建设中长期规划（2013—2020 年）》，该规划在分析了盐田区生态文明建设的工作基础与形式之后，提出了盐田区生态文明建设的指导思想与目标，并从提升资源环境承载力、优化生态安全格局、发展低碳经济、提升生态环境质量、美化人居生活环境、推进生态产品建设、创新绿色生态制度、培育特色生态文化等方面提出了推进生态文明建设的任务要求，制定了相应的保障措施。该规划明确提出了要建立完善 GEP 核算机制，将 GEP 核算结果纳入国民生产总值核算并将其作为特色指标纳入生态文明建设指标体系和生态文明建设考核内容。

8.5.2　将 GEP 纳入生态文明建设规划的意义

开展城市 GEP 核算是贯彻落实生态文明建设精神的具体实践，使生态文明建设和"五位一体"发展有了可量化的标尺，对于完善生态文明制度建设，从制度上约束政府行为、保障生态文明建设具有重要的、实质性的推进意义。将 GEP 纳入生态文明建设规划，既是全面开展 GEP 与 GDP 双核算、双运行、双提升工作的任务要求，也是推进盐田区生态文明建设的必要途径。

8.5.3　将 GEP 纳入生态文明建设规划的思路

开展城市 GEP 核算，全面开展 GEP 与 GDP 双核算、双运行、双提升工作是盐田区生态文明建设的重要内容，将 GEP 纳入生态文明建设规划要从制定规划目标、完善指标体系、明确工作任务、落实保障措施等 6 个方面进行。

（1）制定规划目标

不以牺牲生态环境的方式去追求经济发展是盐田区发展的基本理念，追求生态环境和经济社会协调发展是盐田区生态文明建设的目标。在盐田区生态文明建设规划中，要以建立 GEP 与 GDP 双核算、双运行、双提升机制为抓手，以"GDP 与 GEP 双提升"作为规划的基本目标，近期目标为不断完善 GEP 与 GDP 双核算、双运行、双提升工作机制，建立区域社会经济与生态效益并行模式；远期（到 2020 年）实现城市生态环境质量、生态系统服务功能进一步提升，GDP、GEP 稳定增长的目标。

（2）完善指标体系

根据《盐田区生态文明建设中长期规划（2013—2020 年）》，盐田区生态文明建设指标体系包含三级指标，其中一级指标 5 个，二级指标 9 个，三级指标38 个。这些指标体现了盐田区在生态经济、生态环境、生态人居、生态制度和生态文化 5 个生态文明建设重点领域的工作成效，详见表 2-8-2。

表 2-8-2　盐田区生态文明建设指标体系

一级指标	二级指标		三级指标	单位	指标属性	现状值（2012 年）	目标值（2015 年）	目标值（2020 年）	国家示范区指标 [a]
生态经济	生态效率	1	★资源产出增加率	%	参考性指标	—	≥ 18	≥ 20	≥ 18
		2	★单位工业用地产值	亿元 /km²	约束性指标	46.15[①]	≥ 63	≥ 75	≥ 55
		3	★碳排放强度	kg/ 万元	约束性指标	—	≤ 450	≤ 400	≤ 450
		4	★单位 GDP 能耗	t 标煤 / 万元	约束性指标	0.47	≤ 0.45	≤ 0.40	≤ 0.45
		5	★单位工业增加值新鲜水耗	m³/ 万元	参考性指标	12.15[②]	≤ 12	≤ 12	≤ 12

续表

一级指标	二级指标	三级指标	单位	指标属性	现状值（2012 年）	目标值（2015 年）	目标值（2020 年）	国家示范区指标 [a]
生态经济	循环经济	6 ★再生资源循环利用率	%	约束性指标	—	≥65	≥70	≥65
		7 ★节能环保产业增加值占 GDP 比重	%	参考性指标	—	≥6	≥8	≥6
生态环境	生态安全	8 ★受保护地占国土面积比例	%	约束性指标	65	≥65	≥65	≥25
		9 ★林草覆盖率	%	约束性指标	65	≥65	≥65	≥50
		10 ★生态用地比例	%	约束性指标	70	≥70	≥70	≥55
		11 ★生态恢复治理率	%	约束性指标	—	≥72	≥80	≥72
		12 ※生态资源变化状况	—	约束性指标	0.995	≥0.995	≥1	
	环境保护	13 ★主要污染物排放强度 化学需氧量 二氧化硫 氨氮 氮氧化物	t/km²	约束性指标	8.78 ≤3.5 0.71 ≤4.0	≤8.0 ≤3.5 ≤0.68 ≤4.0	≤4.5 ≤3.5 ≤0.5 ≤4.0	≤4.5 ≤3.5 ≤0.5 ≤4.0
		14 ※节能减排任务完成率	%	约束性指标	100	100	100	
		15 生活污水集中处理率	%	约束性指标	95.6	≥98	≥98	
		16 ※地表水环境功能区水质达标率	%	约束性指标	100	100	100	
		17 ※空气质量优良天数（以 AQI 计）	天	约束性指标	336	≥350	≥355	
		18 ※近岸海域环境功能区水质达标率	%	约束性指标	100	100	100	
		19 ※环境噪声功能区达标率	%	约束性指标	93.75	≥95	100	
生态人居	生态宜居	20 ★新建绿色建筑比例	%	约束性指标	—	≥75	100	≥75
		21 排水达标小区覆盖率	%	约束性指标	50	≥55	≥65	
		22 ※宜居社区比例	%	约束性指标	66.67	≥80	≥85	
		23 垃圾减量分类达标小区覆盖率	%	约束性指标	0	≥40	≥80	
	社会和谐	24 ★公众对环境质量的满意度	%	约束性指标	75	≥80	≥85	≥85
		25 财政性教育经费投入占一般预算支出比重	%	参考性指标	18	≥15	≥18	
		26 每千人拥有医疗床位数	张	参考性指标	2	≥3.4	≥3.4	

续表

一级指标	二级指标	三级指标	单位	指标属性	现状值（2012年）	目标值（2015年）	目标值（2020年）	国家示范区指标[a]
生态制度	制度建设	27 ★生态环保投资占财政收入比例	%	约束性指标	12.64	≥15	≥20	≥15
		28 ★生态文明建设工作占党政实绩考核的比例	%	参考性指标	5	≥15	≥22	≥22
		29 ★政府采购节能环保产品和环境标志产品所占比例	%	参考性指标	—	≥80	100	100
		30 ★环境影响评价率及环保竣工验收通过率	%	约束性指标	100	100	100	100
		31 ★环境信息公开率	%	约束性指标	—	100	100	100
		32 GEP核算机制	—	参考性指标	尚未建立	建立	完善	
生态文化	文化培育	33 ★党政干部参加生态文明培训比例	%	参考性指标	—	100	100	100
		34 ★生态文明知识普及率	%	参考性指标	75	≥80	≥95	≥95
		35 ★生态环境教育课时比例	%	参考性指标	—	≥10	≥10	≥10
	社会参与	36 ★规模以上企业开展环保公益活动支出占公益活动总支出的比例	%	参考性指标	—	≥5	≥7.5	≥7.5
		37 ★公众节能、节水、公共交通出行的比例 节能电器普及率	%	参考性指标	—	≥90	≥95	≥95
		节水器具普及率			—	≥90	≥95	≥95
		公共交通出行比例			50	≥56	≥70	≥70
		38 参与环保志愿活动和环保组织人数占总人口比例	%	参考性指标	4.41	≥5	≥8	

注：★为国家生态文明建设试点示范区指标；※为深圳市生态文明建设指标，未加标注为特色指标。
①未进行核算，无现状值，为深圳市2006年数据；②深圳市2011年数据。
a 国家生态文明建设试点示范区指标要求。

    将GEP纳入生态文明建设规划，需将"建立GEP与GDP双核算、双运行、双提升机制"和"GEP不降低"的要求纳入生态文明建设指标体系。筛选影响城市生态系统生产总值的指标来完善生态文明建设指标体系。建议在生态环境指标中增加对辖区生态系统生产总值（GEP）的考量，但考虑到GEP目前仅核算3年，且国内类似研究较少，3年数据不足以支撑对于5～6年后GEP绝对值变化的预测。因此，建议以GEP变化（本年度GEP/上年度GEP）指标作为衡量和展示盐田区生态系统功能与人居环境生态系统价值变化的指标，以 GEP 变化大于 1 作为目标值，通过该指标的设置，引导和要求辖区各相关部门注重 GEP 的提升。建议在生态制度指标中增加"GEP 与 GDP 双核算、双运行、双提升工作机制""GEP 考核情况"作为体现盐田区 GEP 核算工作机制建设和生态环保考核情况的指标；在生态文化指标中增加"城市 GEP 评估公开情况"作为提高市民生态环保意识的指标。

（3）明确工作任务

将"建立 GEP 与 GDP 双核算、双运行、双提升机制"和"GEP 不降低"作为生态文明建设规划的基本目标之一，应在生态经济、生态环境、生态人居、生态制度和生态文化等生态文明建设的重点领域明确具体的工作任务，以保障目标的达成。

《盐田区生态文明建设中长期规划（2013—2020 年）》在创新绿色生态制度中要求"建立完善 GEP 核算机制"。具体的工作内容是："提高管理者和全社会对 GEP 的认识，重视 GEP 核算与管理运用，纠正单纯以经济增长速度评定政绩的偏向；研究建立盐田区 GEP 核算体系构建原则、技术方法与框架，建立 GEP 核算体系；开展 GEP 定期监测评估试点，逐步完善 GEP 核算体系；制定 GEP 管理运用办法和细则，将 GEP 核算结果纳入国民生产总值核算，在政府工作报告中公布，逐步推动生产总值核算体系变革；实施 GEP 动态考评机制，逐步将 GEP 纳入政绩考核体系和生态文明考核体系，促进 GEP 持续增长。"不难看出，该规划在 GEP 方面的重点是核算，尚未上升到建立 GEP 与 GDP 双核算、双运行、双提升机制。

因此，建议在工作任务中增加建立 GEP 与 GDP 双核算、双运行、双提升机制的内容，如增设监测站点和监测指标、建立完善生态系统监测网络体系，建设 GEP 核算数据平台，编制 GEP 核算技术规范，建立 GEP 与 GDP 双提升项目清单，建立大型项目 GEP 影响评价机制等。同时，须在生态经济、生态环境、生态人居、生态制度和生态文化等生态文明建设的重点领域明确相应的工作任务，促进 GEP 的提升。例如，划定并严守生态红线，编制自然资源资产负债表，对领导干部进行自然资源资产离任审计，加强对自然生态系统的保护，维护和提升自然生态系统的服务功能；加大用于保护和提高生态资源数量与质量的资金、劳动及技术的投入力度，加强大气、水、土壤、海洋环境保护和污染控制，改善人居环境，妥善处理固体废弃物，推进节能减排，提升人居环境生态系统价值等。

（4）落实保障措施

生态文明建设规划的保障措施包括组织保障、制度保障、资金保障、项目保障和技术保障 5 个部分，将 GEP 纳入生态文明建设规划需要在以上 5 个方面落实相应的保障措施。

1）组织保障：生态文明建设工作领导小组负责推进维护城市生态系统价值的相关工作，各负责单位和职能部门积极做好配合。

2）制度保障：推动建立盐田区 GEP 与 GDP 双核算工作机制和双考核机制。

3）资金保障：加大财政支持力度，落实相关工作的推动。加快资金审核拨付，保证各项资金及时到位。

4）项目保障：从生态旅游、环保基础设施建设、环保产业发展、生态保护、生态修复、环境污染治理、清洁能源等项目考虑，积极推动 GEP 与 GDP 双提升项目。

5）技术保障：借助专业化力量、培养专业化人才，为维护城市生态系统价值提供技术保障。

（5）实施中期评估

为保证生态文明建设规划的顺利完成和各项任务能按进度推进，根据市、区相关文件要求，对规划的实施情况进行中期评估。在本研究中主要分析与 GEP 相关的评估内容，具体包括对"建立 GEP 与 GDP 双核算、双运行、双提升机制"各项指标的实施情况和实现程度进行评价，并针对现阶段出现的主要问题进行分析，提出规划需要调整和修订的内容及下一步的发展思路与政策建议等。

（6）推动规划修订

在规划中期评估的基础上，针对 GEP 相关工作的进展情况，开展生态文明建设规划修订工作。结合盐田区现阶段的生态文明建设任务，分析规划修订的必要性和规划修订时需要重点研究的问题，强调下一阶段的工作目标，补充、调整规划内容，体现规划的综合性、战略性和前瞻性。

8.5.4　小结

综合以上分析，将 GEP 纳入生态文明建设规划，需从制定规划目标、完善指标体系、明确工作任务、落实保障措施、实施中期评估、推动规划修订等几个方面提出具体的规划策略，推动 GEP 与 GDP 双核算工作内容融入生态文明建设的各个方面。

加强顶层设计，将 GEP 纳入党委政府决策

9.1　将 GEP 纳入党政决策的背景

政府作为国家进行行政管理的机构，承担着行政决策的职责。任何一个国家的政治体系，都要通过其政府的决策和实施，来确定并实现其所代表的利益。党政决策是伴随着人类社会的政治发展而发展的，因此，随着政治实践的变迁发展，不断地改革和完善党委政府的决策机制，从而实现党政决策的科学化、民主化和法制化。

党政决策是由一系列既相互独立、分工明确，又相互联系、相互配合的各种党政决策机构共同完成的。从党政决策的功能过程来看，当代政府决策过程中的利益表达、利益整合、政策制定与监督等活动，分别由特定的或专门的决策机构来承担；从党政决策的技术过程来看，党政决策机构产生了信息搜集、评估与反馈等方面的专业部门。

党政决策机制不仅要明确其决策主体和机构，而且要建立决策的规章制度，即决策制度。决策制度是构成决策机制不可缺少的重要组成部分。

党政决策制度主要包括三大项：一是关于决策社情民意反映制度。这一制度要求开拓多种渠道，倾听民众呼声，从民众中吸取智慧，使党政决策具有广泛的民主性，建立在深厚扎实的群众基础之上，真正做到顺民心、合民意。二是关于决策公开制度。这一制度要求党政决策的事项、方式、过程和结果都应当在适当的范围予以公开（依法应当保密的除外）。党委政府在就经济社会发展的重大问题进行决策时，由于涉及或直接影响到一个地区的生态资源、经济发展、社会健康、民众福利等方面，这将对该地区当前或未来的建设产生重大影响，因此，必须向社会公示，并举行听证。三是关于决策失误责任追究制度。这一制度有效地防止了决策的随意性，大大增强了决策者的责任意识、风险意识，促进了科学决策、民主决策的发展。

将 GEP 纳入党委政府决策，可从党委政府实际工作出发，在以上决策制度的基础上，考虑如何将 GEP 与党政决策的内容、方式、程序相联系，在有必要的情况下，在决策程序中增加 GEP 相关参考因素，将 GEP 作为一个影响党委政府各项办法制定的指标，纳入行政工作与决策中。

9.2　将 GEP 纳入党政决策的必要性

党委政府作为一种社会公共权力，应当以社会利益和事业的长远发展为目的，其基本功能和主要任务是维护社会的公共利益，处理和解决一系列社会问题。当下，以雾霾等为首的生态环境问题成为公众面临的最普遍的问题，它需要政府联合社会各方面力量，共同努力才能解决。

要使党委政府做出以生态准则为核心的经济发展战略决策，必须加强党委政府的生态责任意识，建立健全生态问责制度。将 GEP 相关内容反映在党政决策中，建立 GEP 长效运行机制，使党委政府在做决定时形成"生态自觉意识"，有利于促进决策者在做各类决定时考虑其对生态环境、自然资源的影响，实现对"把生态文明建设放在突出地位，融入经济建设、政治建设、文化建设、社会建设各方面和全过程"政策的响应，加强人民群众对自身生态福利的认识和了解，提倡决策科学化、民主化，落实 GEP 创新机制的实践应用，完善党政决策方式和程序。

9.3　将 GEP 纳入党政决策的思路

9.3.1　将 GEP 纳入现行统计体系

（1）现行统计体系分析

我国现已建立了覆盖国民经济各行各业、渗透社会生活方方面面的现代统计体系，建立了较为健全的统计组织体系和较为完善的统计调查制度、国民经济核算体系，已基本形成科学统一的统计调查体系。现行统计体系的统计范围主要包括如下几个方面。

1）国民经济核算，相关数据包括：国民生产总值（GNP）、国内生产总值（GDP）、最终消费、资本形成总额、货币和服务净出口、劳动者报酬、总储蓄等。

2）工业统计，相关数据包括：工业增加值增速、生产能力、销售量、库存量、工业企业效益、产品销售率、出口交货值等。

3）能源统计，相关数据包括：能源购进量、购进金额、能源消费量、能源加工、转换投入、终端能源消费量、能源库存量等。

4）固定资产投资统计，相关数据包括：固定资产投资、房地产开发投资、资金来源、土地购置和开发情况、房屋建筑面积、住宅建筑面积、商品房销售、建筑业总产值等。

5）贸易外经统计，相关数据包括：社会消费品零售总额、商品销售额、住宿餐饮收入等。

6）人口和就业统计，相关数据包括：总人口、受教育程度、婚姻状况、生育状况、工作状况、户口性质、单位从业人员、工资总额、平均工资等。

7）社会科技和文化产业统计，相关数据包括：文化及相关产业法人单位增加值、研究与试验发展经费等。

8）农村社会经济调查，相关数据包括：农林牧渔业总产值、农业产品产量、播种面积、农业机械总动力、农林牧渔业从业人员等。

9）城市社会经济调查，相关数据包括：居民消费价格指数（consumer price index，CPI）、商品零售价格指数、农业生产资料价格指数、工业生产者价格指数、固定资产投资价格指数、住宅销售价格指数等。

10）住户调查，相关数据包括：居民家庭成员基本情况、居民收入、消费支出、农村劳动力就业与流动情况、居住情况等。

11）服务业统计，相关数据包括：重点企业服务业增加值、制造业采购经理指数（purchasing managers' index，PMI）、非制造业商务活动指数等。

除了上述这些基本性统计数据，统计部门还会组织开展一些专项普查和专题调查，为有关部门提供统计信息和咨询建议。然而，总体来说，在社会经济方面统计体系已经较为完善，但在资源环境方面起步较晚，统计体系尚不健全，统计指标相对较少。

（2）将 GEP 统计核算纳入统计体系

通过前面的分析，可知现有的统计体系无法满足盐田区 GEP 核算分析的需求。《中共中央国务院关于加快推进生态文明建设的意见》中就明确要求加强生态文明建设统计监测，"健全覆盖所有资源环境要素的监测网络体系""加快推进对能源、矿产资源、水、大气、森林、草原、湿地、海洋和水土流失、沙化土地、土壤环境、地质环境、温室气体等的统计监测核算能力建设"。因此，为了保证双核算工作的顺利进行，建议尽快完善统计指标体系，将城市 GEP 纳入统计调查范围，从而全面反映生态文明建设和生态系统状况。现阶段，因 GEP 涉及指标较多，技术性强，可先建立由区统计局统筹各相关单位共同参与的 GEP 统计核算工作机制，该机制由区统计局统筹负责，将 GEP 统计核算工作任务分解到各相关单位，责任落实到人。各相关单位应提高对 GEP 统计核算工作的重视度和积极性，及时调查收集相关数据并报送，由区统计局会同区环境保护和水务局（环保水务局）审核。盐田区率先探索建立 GEP 与 GDP 双核算统计机制后，可逐年核算生态资源的实物量、功能量及城市生态系统生产总值，建立与国民经济统计体系并行的城市生态系统生产总值核算体系，并以官方途径公布 GEP 核算数据和结果，可为促进 GEP 与 GDP 的双增长提供坚实基础。

9.3.2 将 GEP 纳入政府工作报告、年度国民经济和社会 发展计划执行情况与下年度计划

政府工作报告是政府的一种公文形式，各级政府都必须在每年召开的当地人民代表大会会议和政治协商会议（俗称"两会"）上向大会主席团、与会人大代表及政协委员发布这一报告。政府工作报告的结构通常分为三部分：第一部分是一年内的工作回顾，回顾并总结前一年的政府工作情况，汇报政府取得的成绩和基本经济指标完成情况，将政府工作分为几个大类（如经济、社会事业、劳动等），分别详细阐述工作举措和成绩；第二部分是当年工作任务，归纳当年政府的各项工作，汇报这一年政府的工作计划和目标，说明当年政府工作的基本思路和主要任务，将政府工作分为几个大类（如经济、社会事业、劳动等），分别详细阐述将要施行的工作举措和工作计划；第三部分是政府自身建设，详细阐述在当年政府内部的政府职能、民主化建设、依法行政、政风建设等方面将要施行的工作举措和工作计划。

政府年度国民经济和社会发展计划执行情况与下年度计划的报告包括对本地区当年度国民经济和社会发展计划执行情况的概述与总结，以及详细的下年度计划安排情况和重点工作内容。

将 GEP 核算结果在年度政府工作报告及国民经济和社会发展计划执行情况中公布，对政府在自然资源维护和生态环境建设工作方面进行总结，有利于政府下一步工作的安排和开展。

将 GEP 提升计划分解成各项任务列入政府下年度工作计划中，明确工作目标和内容，提高政府计划制定和执行的质量，对各职能部门的工作进行有效监督，确保各相关部门按计划跟进 GEP 相关工作。

9.3.3 GEP 进入公众参与和民主决策

公众参与和民主决策是政府决策的基本特点，为了防止公共资源的非公共运用，政府在进行决策时须建立民主决策机构，让公众充分参与决策过程，广泛听取公众意见，最大限度地实现决策的民主化。

公众参与和民主决策，有利于弥补政府思维的局限性，减少决策失误；也有利于加强对政府行政权的制约，维护行政决策的公平公正；同时，公众参与有助于形成公众与政府间的良性互动关系，能有效调动公众决策参与的积极性，培养公众的合作意识和责任意识。

对于与城市 GEP 相关的决策事项，可从草案的提出、方案的讨论、决策会议的举行、决策的实施和反馈等全过程向民众与媒体开放，并依法组织制定公众有序参与的决策制度。

持续完善城市 GEP 核算结果发布机制，逐步将城市 GEP 核算、评价结果及详细数据向全社会公布，使公众可以直接通过盐田政府在线网站查询相关核算与评估信息，并在盐田政府在线网站上的互动交流版块长期设置盐田区 GEP 与 GDP 双核算、双运行、双提升主题，开发 GEP 民生专栏，实时更新 GEP 相关信息，让民众切实感受到 GEP 提升带来的福利和对自身生活的影响，使公众可随时就 GEP 与 GDP 双核算、双运行、双提升工作提出意见和建议，推进公众参与和民主决策。

9.3.4　以 GEP 为主要内容召开生态环境形势分析会

（1）深圳市环境形势分析会制度

近年来，深圳市委市政府牢固树立绿色发展理念，坚持把生态建设摆在与经济建设同等重要的位置，2012 年开始创新性地建立全市层面的环境形势分析会制度。该会议由市长主持，定期召开，市人居环境委员会、发展和改革委员会、财政委员会、规划和国土资源委员会（海洋局）（以下简称规划国土委）、水务局和城市管理行政执法局（城管局）等相关职能部门共同参加，旨在全面分析全市生态环境保护面临的形势，着力解决突出矛盾和问题，全力推进环境保护和生态文明建设。

至 2015 年，深圳市已召开了 4 次环境形势分析会，每次重点都不同，取得了积极的成效。

2012 年的首次环境形势分析会，对全市大气、河流、海洋、噪声、辐射、土壤环境和饮用水源、固体废弃物、生态资源、污染减排等 10 个方面的总体环境形势做了全面的分析，提出了下一步改善生态环境的思路和举措。

2013 年召开的第二次全市环境形势分析会，专项研究部署了深圳市以 $PM_{2.5}$ 为主的大气污染治理工作。会上要求尽快制定出台全市大气综合治理方案，建立以空气质量改善为核心的控制、评估、考核机制，将主要污染物排放作为环评审批前置条件；要求加大机动车尾气治理力度，加快淘汰黄标车和提升车用燃油油质油品，抓好港口船舶污染控制，加强挥发性有机物排放重点行业监管，推进电厂污染治理；注重联防联治，增强大气环境治理的协同性。这些要求都已转化为相应的政策措施，对大气环境改善的效果显著。

2014 年召开的第三次环境形势分析会，重点研究部署了下一阶段的水环境治理工作。这次会议提出要坚持系统思维，统筹供水、饮水、水环境、防洪排涝等问题，打好"治水提质的攻坚战。加强治水组织领导，成立治水提质指挥部；继续完善河长制，实现全覆盖，实施河长述职制度，把治河效果作为考核干部的重要指标；创新治水项目审批程序，缩短审批流程，简化审批程序，集中立项、集中审批，集中下达资金，以超常规手段推进治水项目"。此次会议对深圳市水环境治理与水质改善起到了重要的指导作用。

2015年召开的第四次环境形势分析会，在全面分析深圳市环境形势的基础上，重点研究了固体废弃物综合治理工作。此次会议要求"抓住固体废弃物治理的重点和关键，突出源头减量，推进垃圾分类处理和固体废弃物综合利用；坚持一流标准，高标准、高质量规划建设固体废弃物处理设置，全面提升环保基础设施水平；着力改革创新，充分发挥市场作用，不断完善固体废弃物处理体制机制"。此次会议将推动全市固体废弃物治理实现新的突破。

不难看出，环境形势分析会已经成为深圳市推进生态文明建设重要的决策平台，成为深圳市推进环境治理体系和治理能力现代化重要的制度创新。

（2）盐田区建立生态环境形势分析会制度

通过上面的分析不难看出，盐田区也可借鉴深圳市环境形势分析会的成功经验，在盐田区建立生态环境形势分析会制度，以盐田区政府的名义每年召开一次或两次生态环境形势分析会，由区长主持，环境保护和水务局、城管局、发展和改革局、经济促进局、规划土地监察大队、住房和建设局等部门及相关单位参加。以 GEP 为主要内容，分析 GEP 各核算指标、核算因子的变化情况，研判当前生态环境形势，研究部署下阶段生态环境质量提高、人居环境改善和 GEP 提升工作，逐步将生态环境形势分析会做成盐田区推进生态文明建设的重要决策平台。

将生态环境形势分析会放在与经济社会形势分析会同等重要的位置，定期召开，可凸显出盐田区将建设生态文明、改善环境质量、提升城市 GEP 提高到与改革发展、提升经济质量、保持 GDP 增长同等重要的地位，体现同步决策、同步推进的决心。

9.3.5　将 GEP 纳入相关专项政策制度

将 GEP 与 GDP 双核算、双运行、双提升的要求写入盐田区相关的政策制度中。例如，将"GEP 不降低"要求写入产业政策，研究制定与 GEP 提升相关的产业扶植政策，就绿色低碳产业高端化发展提出具有针对性的措施和办法；将人均 GEP 的提升写入社会民生相关规划政策；将践行绿色低碳生活、人人为 GEP 做贡献等要求写入社会管理相关制度。

严格项目准入，将 GEP 纳入项目影响评价

本部分主要研究在现有项目管理体系下，在不增加项目审批环节、尽可能少地影响现有项目审批程序的条件下，如何增加项目对 GEP 的影响分析，并将 GEP 影响作为项目是否准入的条件及项目如何实施的依据，最终使得生态优势通过项目的选择转化为发展优势。

10.1　项目报批程序分析

　　根据《深圳市产业结构调整优化和产业导向目录（2013 年本）》和《深圳市社会投资项目准入指引目录（2014 年本）》，项目大致可分为四类：禁止建设类、限制建设类、鼓励建设类、允许建设类。

　　1）禁止建设类项目包括：《深圳市产业结构调整优化和产业导向目录（2013 年本）》中的禁止类项目和限制类项目（新建和简单扩大再生产）；国家发展改革委、商务部《外商投资产业指导目录（2011 年修订）》中的禁止类项目；占用深圳市基本生态控制线内土地的项目（除重大基础设施、现代农业、康复保健、教育科研、文化、体育、旅游、设计等八类项目）。禁止建设类项目不予审批、核准或备案。

　　2）限制建设类项目指国家发展改革委、商务部《外商投资产业指导目录（2011 年修订）》中的限制类项目；占用深圳市基本生态控制线内土地的八类项目（重大基础设施、现代农业、康复保健、教育科研、文化、体育、旅游、设计等）。

　　3）鼓励建设类项目指国家发展改革委《产业结构调整指导目录（2011 年本）》（2013 年修正）中的鼓励类项目；《深圳市产业结构调整优化和产业导向目录（2013 年本）》中的鼓励类项目；国家发展改革委、商务部《外商投资产业指导目录（2011 年修订）》中的鼓励类项目。

　　4）允许建设类项目为上述禁止建设类、限制建设类、鼓励建设类所列项目之外的项目。

　　项目的报批程序包括备案制、核准制、审批制，具体采用哪一种形式立项报批是由项目及实施单位的性质、资金来源等因素决定的。一般来说，深圳市政府投资项目适用审批制；深圳市权限内的限制建设类社会投资项目实行核准管理，由各区（新区）投资主管部门核准，跨区项目由市投资主管部门核准；鼓励建设类和允许建设类社会投资项目实行备案管理，由各区（新区）投资主管部门备案，跨区项目由市投资主管部门备案。

10.1.1 审批制适用范围及办理程序

政府投资项目、银行政策性贷款项目和外国政府贷款项目一般适用审批制。根据《深圳市政府投资项目审批流程和申报材料指引》，以房建类项目为例，政府投资项目（房建类）从立项到开工划分为4个阶段，包括项目建议书阶段、项目可行性研究报告阶段、项目初步设计阶段、施工图阶段。征（收）地、拆迁许可及土地使用权出让阶段与第三、第四阶段并行。

（1）项目建议书阶段

1）项目单位按要求编制项目建议书（采用投资补助、贴息方式的政府投资项目，应编制资金申请报告，资金申请报告应当包括项目的必要性和主要内容、申请资金的主要原因，以及法律、法规规定应当载明的其他情况，并达到可行性研究报告的深度），并报送发改部门。项目建议书应当对项目建设的必要性和依据、拟建地点、拟建规模、投资匡算、资金筹措及经济效益与社会效益进行初步分析。

2）项目单位根据发改部门批复项目建议书文件分别在规划、国土资源、环境保护等部门办理规划项目选址意见书（在城市规划区范围内的项目）、土地预审、环境影响评价审批手续。如果项目用地已落实，可直接进行环评报审工作，市人居环境委员会完成环评审批；如果项目用地未落实，应向市规划国土委提出选址申请，市规划国土委完成选址意见书审批。选址完成后，可同时向市规划国土委和人居环境委员会申请用地预审与环评审批，市规划国土委完成用地预审工作，市人居环境委员会完成环评审批。

此外，涉及交通或水务的项目，项目单位还应按照各审批事项要求，备齐必备材料，同时向市规划国土委和交通运输委员会或水务局报送。市交通运输委员会或水务局提出意见并抄送市规划国土委。涉及非剧毒危险化学品生产，储存企业设立及其改建、扩建的，在选址完成后，项目单位应向市安全生产监督管理局提交必备材料，申请办理危险化学品生产、储存企业（设立、改建、扩建）批准书（非剧毒）。涉及林地占用的项目，项目单位应在立项后同步办理向城管局申请办理占用林地的申请。涉及海域使用的项目，项目单位应在立项后同步办理向市规划国土委（海洋局）申请办理海域使用的申请。

（2）项目可行性研究报告阶段

1）项目单位委托具有相应工程咨询丙级以上资质的机构编制可行性研究报告。可行性研究报告应当对建设项目在技术、工程、安全和经济上是否合理可行及其环境影响进行全面分析论证，并达到国家规定的深度。

2）项目单位委托具有相应工程咨询资质的机构对编制的可行性研究报告进行评估。

3）项目单位向发改部门报送可行性研究报告，同时必须附上规划选址意见书、用土预审、环境影响评价审批文件、节能减排评估意见、可行性研究报告的咨询评估意见、特殊行业或项目需增加的其他附件。

4）发改部门组织专家组对项目可行性研究报告进行评审。

5）发改部门根据专家组的评审意见和可行性研究报告的评估意见对项目可行性研究报告进行批复。

6）项目单位依据发改部门对可行性研究报告批复的文件，向规划国土委申请办理规划许可手续和正式用地手续。

7）可行性研究报告批复后，按照谁批复谁核准招投标方案的原则，项目单位还需编制项目招投标方案并报送发改部门进行核准。

（3）项目初步设计阶段

1）待项目可行性研究报告批复和项目招投标文件核准后，项目单位通过招投标或委托的方式，选择或委托具有相应工程咨询丙级以上资质的机构编制初步设计。初步设计应当明确项目的建设内容、建设规模、建设标准、用地规模、主要材料、设备规格和技术参数，并达到国家规定的深度。

2）项目单位向发改部门报送项目初步设计，同时附上规划许可证、消防审核意见等。

3）发改部门组织专家组对项目初步设计进行评审。

4）政府投资项目的初步设计或扩初设计审批完成后，项目单位按照概算审批要求，备齐必备材料报送市发展和改革委员会，市发展和改革委员会完成概算批复。

（4）施工图阶段

项目单位按照项目初步设计批复内容进行施工图设计，同时可以办理项目施工许可证并开展项目工程招投标工作。

10.1.2　核准制适用范围及办理程序

适用于限制建设类社会投资项目。根据《深圳市社会投资项目准入指引目录（2014 年本）》，明确了需核准的社会投资项目包括：需报国家、省核准的项目，国家发展改革委、商务部公布的《外商投资产业指导目录（2011 年修订）》中列入深圳市核准目录的限制类项目，占用深圳市基本生态控制线内土地的项目，国家、省和市另有规定的项目。

办理程序：项目单位登录"深圳市社会投资项目核准备案管理信息系统"（以下简称"核准备案系统"）申请核准，提交核准申请，并提交项目申请报告、节能审查部门出具的节能评估审查意见，以及国家、省和市法律法规规定的其他材料。其中，项目申请报告应包括以下内容：①项目单位及拟建项目情况；②集约用地、资源利用和能源耗用分析；③生态环境影响分析；④经济和社会影响分析。

需上报国家核准的项目或需由省核准的跨市项目根据国家法律法规的规定还需提供：①建设项目规划选址审查意见；②环评审查意见；③用地预审文件。

发展改革委根据相关材料和国家产业政策、外商投资政策、市场准入条件、节能政策等，对项目出具核准文件或不予核准决定书。

项目单位凭发展改革委的项目核准文件到规划部门申请办理规划许可手续，到国土部门办理正式用地手续。

10.1.3　备案制适用范围及办理程序

主要适用于企业自主投资的一般项目，包括：鼓励建设类和允许建设类社会投资项目。

办理程序：项目单位登录"核准备案系统"申请项目备案，领取《企业投资项目备案通知书》。项目备案手续与项目环评审批、用地预审、节能审查、水土保持方案审查等事项并联办理。

10.2　GEP 项目影响评价的介入时间分析

10.2.1　政府投资项目

根据上面对政府投资项目审批过程的分析，结合 2014 年 8 月 28 日深圳市第五届人民代表大会常务委员会第三十一次会议通过的《深圳经济特区政府投资项目管理条例》，GEP 影响评价可能涉及政府投资项目立项审批实施的全过程，包括项目建议书阶段、项目环境影响评价阶段、项目可行性研究报告阶段和项目初步设计阶段。其中，前 3 个阶段均为项目前期准备阶段，主要为项目立项做准备；初步设计阶段属于项目实施阶段，为项目实施做准备，使项目计划具有可操作性。

项目建议书是项目单位就新建、扩建事项向发改部门申报的书面申请文件，是根据国民经济的发展、国家和地方中长期规划、产业政策、生产力布局、国内外市场、所在地的内外部条件提出的某一具体项目的建议文件，是对拟建项目提出的框架性的总体设想。主要对项目建设的必要性和依据、拟建地点、拟建规模、投资匡算、资金筹措及经济效益与社会效益进行初步分析。发改部门根据此初步选择项目，决定是否有必要进行下一步工作。在该阶段，可在社会效益章节中定性分析该项目对 GEP 的影响，发改部门应将 GEP 影响作为项目是否立项的依据。

项目可行性研究报告的编制是在经济活动投资决策之前，通过对与拟建项目有关的自然、社会、经济、技术等进行调研、分析比较，以及预测建成后的社会经济效益等，综合论证项目建设的必要性、财务的盈利性、经济上的合理性、技术上的先进性和适应性、建设条件的可能性与可行性及社会效果等，从而为投资决策提供科学依据。《深圳经济特区政府投资项目管理条例》中规定，"可行性研究报告应当对建设项目在技术、工程、安全和经济上是否合理可行及其环境影响进行全面分析论证，并达到国家规定的深度"。在该阶段，可在环境影响分析章节，结合项目自身实际情况，分析项目对当地生态、水源、噪声等的潜在影响，进而按照基于项目的 GEP 评价方法，详细、深入分析项目对 GEP 的定性和定量影响，通过多方论证提出对 GEP 影响最小的方案，并给出控制不利影响和改善 GEP 的必要措施，发改部门据此做出批复。

项目环境影响评价是从环境保护的角度决定开发建设活动能否进行和如何进行的具有强制性的法定程序。指专业机构对规划和建设项目实施后可能造成的环境影响进行分析、预测与评估，提出预防或减轻不良环境影响的对策和措施，以及进行跟踪监测的方法与制度。简而言之，就是分析项目建成投产后可能对环境产生的影响，并提出预防的对策和措施，为项目决策提供科学依据。在该阶段，可以专门增设 GEP 分析章节，按照基于项目的 GEP 核算方法，定量核算和评价项目对 GEP 的影响，分析项目对区域生态环境建设的正负效益，对于有负效益影响的部分提出控制和改善的措施，由环评审批部门委托评估单位进行技术评估，决定该项目能否进行，最终做出批复。

项目初步设计是项目立项后的项目实施阶段的一项基础工作，根据经审定的项目可行性研究报告来编制，重点是如何把项目计划落实到具体的工程措施上，只有编制了初步设计或实施方案，项目计划才有可操作性，是项目实施的基础，是项目工程招投标及项目监理的依据。《深圳经济特区政府投资项目管理条例》中规定，"初步设计应当明确项目的建设内容、建设规模、建设标准、用地规模、主要材料、设备规格和技术参数，并达到国家规定的深度"。在该阶段，可以明确控制项目对 GEP 有不利影响的具体措施和改善或补偿 GEP 的具体途径。

综合分析以上所列 4 个阶段引入 GEP 影响评价的可行性，如下。

1) 项目建议书、可行性研究报告和环境影响评价均为项目前期准备阶段，审批内容主要是项目是否立项；初步设计为项目实施阶段，审批内容是项目如何操作实施。盐田区率先建立 GEP 与 GDP 双核算、双运行、双提升机制，以"GEP 不降低"作为经济发展的基础条件，将 GEP 影响作为项目是否立项的重要依据。因此，GEP 的影响评价应在项目前期准备阶段就要介入。

2）项目建议书和可行性研究报告的基本内容大体相似，项目建议书的内容比较粗略简单，多是定性分析，估算精度较粗，项目建议书是初步选择项目，其决定是否需要进行下一步工作，主要考察建议的必要性和可行性；可行性研究报告是在项目建议书的基础上进行全面深入的技术经济分析论证，需进行多方案比较，推荐最佳方案，或者否定该项目并提出充分理由，为最终决策提供可靠依据。二者各有侧重，建议在项目建议书和可行性研究报告部分均加入项目对GEP的影响分析，前者是简单定性的描述，便于发改部门尽早做出是否立项的初步判断；后者是定性加定量的预测与评价，有利于发改部门做出是否立项的决定及项目实施方案的比选确定。

3）环境影响评价是根据国家和地方环境保护法律法规、部门规章与标准、技术规范的规定及要求，对建设项目实施的环境可行性和环境影响进行评价。评价的程序、方法、基本内容、要点和要求均有标准文件进行规定，如《建设项目环境影响技术评估导则》（HJ 616—2011）中规定了应对建设项目的污染物产生和排放、水、气、声、固废、陆生生态、水生生态环境影响及环境风险等进行定量评价，关于对各专项的影响评价，国家也有一系列技术标准文件进行了详细的规定。在《盐田区城市 GEP 核算技术规范》编制出台后，可在环境影响评价部分加入项目对 GEP 的评价章节，这有利于系统分析项目整体对生态环境效益的影响范围和影响程度等。根据项目的类型，进行基于项目的 GEP 核算和预测，评价建设项目对 GEP 各个指标的影响，针对其中的不利影响提出必要的优化调整建议。如果项目可能对生态环境造成重大的不良影响，使 GEP 总量大幅下降，且无法提出切实可行的预防或减轻的对策和措施，以及可能产生的不良影响的程度或范围尚无法做出科学判断时，应在影响评价部分提出放弃该项目的建议并说明放弃该项目的理由。

4）初步设计主要是对项目的具体实施进行设计。若项目对 GEP 没有负面影响或负面影响在可以接受的范围内，则可在初步设计阶段充分考虑项目对 GEP 的影响，针对项目实施过程各阶段不同的影响问题和具体的生态环境特点，采取相应的保护措施，尽可能明确控制项目对 GEP 有不利影响的具体措施和改善或补偿 GEP 的具体途径。

综上所述，建议以区政府的名义要求在本区增设对项目的 GEP 影响评价。对于政府投资项目，可将 GEP 影响评价贯穿项目立项审批设计实施全过程，在项目前期的项目建议书、可行性研究报告和环境影响评价阶段增加项目对 GEP 的影响分析，实现从定性分析到定量分析再到最优方案比选的转变，以决定项目能否立项及如何设计实施；在初步设计阶段（如有）增加 GEP 保护和补偿措施，以控制项目对 GEP 的不利影响并改善 GEP。

10.2.2　社会投资项目

根据上面对社会投资项目立项实施过程的分析，结合《深圳市社会投资项目准入指引目录（2014 年本）》《深圳市社会投资项目核准办法》《深圳市社会投资项目备案办法》等，建议对核准制管理项目，即限制建设类社会投资项目进行 GEP 影响评价，可在项目申请报告和环境影响评价报告中增加 GEP 影响评价内容，并对项目的运营方式进行规定。

对备案制管理项目，即鼓励建设类和允许建设类社会投资项目，鼓励引导企业进行 GEP 影响评价，可在环境影响评价报告中增加 GEP 影响评价内容，并优化项目运营的方式。

10.3　GEP 影响评价方法

参照城市 GEP 核算体系构建中规定的技术方法，进行项目对 GEP 影响的核算与评价。因 GEP 核算体系较为复杂，为减少工作量，在项目 GEP 影响评价中可仅针对项目影响到的指标进行核算，对项目未涉及的指标可不做核算分析。

对项目的常见影响进行分类，分别列出其对应的项目 GEP 影响指标和核算方法，详见表 2-10-1。

表 2-10-1　项目 GEP 影响指标和核算方法

项目影响类别	影响指标	核算方法
占用生态用地	生态产品、土壤保持、涵养水源、净化水质、固碳释氧、净化大气、降低噪声、调节气候、洪水调蓄、维持生物多样性	按照《盐田区城市 GEP 核算技术规范》，以该项目影响的生态系统服务功能量或者产品的实物量分别乘以相应的价格，计算得出 GEP 影响 简化方法：基于连续两年 GEP 核算结果，分别计算出不同生态用地类型（如林地、城市绿地、农用地等）的单位面积 GEP，根据项目影响到的生态用地类型和面积进行简化计算
排放污染物	污染物减排	按照《盐田区城市 GEP 核算技术规范》，以该项目产生的污染物实物量分别乘以相应的污染物处理价格，计算得出 GEP 影响
产生固体废弃物	固废处理、固废减量、固废资源化利用	按照《盐田区城市 GEP 核算技术规范》，以项目产生的固体废弃物数量乘以固废单位处理成本，计算得出 GEP 影响
消耗能源	碳减排	按照《2006 年 IPCC 国家温室气体排放清单指南》中碳排放量的计算公式将能源消耗量转化为碳排放量，再按照《盐田区城市 GEP 核算技术规范》，以欧盟碳交易价格进行计算 碳排放量 $=\sum$ 能源 i 的消费量 $\times$ 能源 i 的排放系数（i 为能源种类）

10.4　GEP 影响评价标准的设置

项目对 GEP 的影响可分为 3 种：正影响，即提升 GEP；无影响，即不造成 GEP 的变化；负影响，即造成 GEP 的损失。前两种影响对项目的立项审批无负面影响。若项目对 GEP 会造成损失，就需要确定项目立项与否的标准。

我们对于盐田区项目 GEP 影响评价的要求是至少要占补平衡，若某项目造成 GEP 的损失，则必须明确补偿的途径。关于 GEP 的补偿形式可分为以下两种类型。

1）若建设项目占用了基本生态控制线内用地，如能占补平衡，即在项目完工后能对占用的线内生态用地进行修复补偿或通过其他措施使 GEP 总量得以全部恢复，在提出相应补偿措施和承诺并通过专业机构的评估后，可通过立项审批；反之，该项目不得通过立项审批。

2）若建设项目未占用基本生态控制线内用地，通过对项目的生态效益影响部分和污染物排放对环境质量影响部分进行深入分析，预测其对 GEP 总量即包括自然生态系统价值和人居环境生态系统价值的影响程度，对于有负影响的部分提出相应的控制措施和补偿途径（如绿化提升）。若能通过原址补偿使 GEP 恢复率达到 80% 以上，则可通过评审。若未能恢复到 80%，则分两种情况：如果是一般项目，则不得审批通过该项目；如果是重大项目，则进入区重大决策程序。

10.5　GEP 影响的补偿措施和途径

根据项目影响分类，针对每个影响类别可能造成的资源环境影响进行分析，明确各类别的评价分析内容（部分内容或与环境影响评价内容有重叠，重叠部分可不再进行分析），提出相应的 GEP 补偿方案和 GEP 补偿量计算方法。各建设项目的环评责任单位也可根据实际情况对评价内容、程序和补偿方案进行调整，但务必保证 GEP 的占补平衡，使项目造成的 GEP 损失能够得到有效恢复。GEP 影响的具体评价内容、补偿措施和通过各类措施实现的 GEP 补偿量（C）计算方法见表 2-10-2。

表 2-10-2 项目 GEP 影响评价内容及补偿方案

项目影响类别	产生的影响	评价分析内容	补偿方案	补偿量计算
占用生态用地	占用生态资源用地，施工场地平整、净空处理、沟渠改造、征地拆迁等建设活动破坏地表植被、扰动，对土地（土壤）表层造成损害，引发水土流失、生物量下降，改变地区原有生态系统结构等	①对土地利用格局变化造成的影响分析；②对农业、林业、渔业造成液或减的影响；③对植被的生态影响；对水资源破坏的影响（植被面积的占用和受资比例影响（植被面积的占用和类等）；④对陆地动物、鸟类、海洋动物资源的影响（栖息地、种类等）；⑤对景观开放性等；⑥对生态系统完整性的影响（生态生产力，生态恢复稳定性，阻抗稳定性，生态完整性等）；⑦对生态系统的结构与功能的影响；⑧对生态系演替趋势的影响	①采用周边绿化的方式，建议在建设区域范围内尽可能提高绿化覆盖率，绿化形式以绿化带、草坪、花圃，垂直绿化、屋顶花园，小型休闲公园、立体绿化为主。在建筑期同应同时进行绿化工程建设，恢复夏地表土壤利植被。②施工完成后必须对边坡（如有）进行绿化，减少水土流失量	(1) C_g=恢复的林地面积×单位面积林地价值+恢复的城市绿地（包括立体绿化）面积×单位面积城市绿地价值 (2) C_s=类似恢复方×单位体积土方清运价格
排放污染物	工地施工（土石方开挖、出碴装卸、原材料汽车运输等）产生的扬尘，施工机动力机械产生油动力机械产生废气（主要含有 SO_2、CO、NO_x 等）和项目运行时产生的废气（汽车尾气、餐饮油烟等）在一段时间内会对局部的大气环境造成影响；施工废水流入附近地下水道，对水质产生一定的污染影响	①施工过程中产生的大气污染物影响分析（进废场汽车尾气、施工工废气废气、扬尘等）；②项目服务运行期产生的大气污染物影响分析（废气处理站/固废处理站对环境的气污染物影响分析（雨水排放及）；③污水处理站、地下水等对大气环境的影响分析（雨水排放及）；④雨水排放影响分析（地表水、地下水）	①玻璃应使用清洁燃料的机动车辆和机械设备，控制和减少大气污染物的排放；②项目施工期间建立小型污水收集处理站，外排污水需达到规定的排放标准，禁止施工污水排入河；③加强绿化，多层绿化防护隔离带，形成绿化屏障，以减少污染物对环境的影响	C_e=污染物减排量×单位质量污染物治理价格
产生固体废弃物	施工期固体废弃物（土石方弃土、建筑垃圾过程产生产生的弃土、建筑施工人员产生的生活、办公垃圾）和项目运行期间固体废弃物（生活、办公垃圾和餐饮业垃圾）如不及时妥善处置，将对自然环境及施工人员和周边居民的工作生活产生不利影响	①固体废弃物特征分析（来源、成分、性质等）；②固体废弃物污染途径及产生过程产生的影响（对人体健康的影响）；③固废对水体环境的影响分析；④固体废弃物环境影响分析（对大气、水体、人体健康等方面的影响）	采取垃圾分类措施，根据垃圾来源采取不同的处理方式，对于能回收利用的妥善回收利用，不能回收利用的存放在密闭的塑料袋内，由垃圾车统一运往垃圾填埋场	C_w=固体废弃物减少量×单位质量废弃物的固体废弃物资源化利用价值+单位质量的固体废弃物资源化利用价值
消耗能源	若项目在建设和运行过程中不注意节能降耗，则碳排放量将持续增加，耗能加重，不可再生资源的消耗量不断增长，不利于可持续发展理念	①主要建筑（办公楼）外部结构设计、建筑材料分析（包括给排水节能、电气节能、暖通节能等方面）合理性分析	①主要建筑（办公楼）必须符合绿色建筑标准，应采用隔热、保温、环保的材料；②照明系统应尽可能采用高效节能灯具、以节能灯，荧光灯及节能设备；③采用建筑设备自动监控系统，给排水自动控制，对于可改造使用清洁能源，电气设备、降低能耗；④推行"油改电"项目，对于可改造使用清洁能源，降低化石能源排放温室气体的部分尽量采用清洁能源的使用量	C_n=通过节能措施节省的用电量×温室气体的用电排放因子×温室气体价格+通过节能措施节省的用油量×温室气体排放因子×温室气体价格

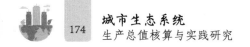

10.6 小　结

综合以上分析，建议以区政府的名义要求在本区增设对项目的 GEP 影响评价。对于政府投资项目，可将项目的 GEP 影响分析贯穿项目立项审批设计实施全过程，实现从定性到定量的分析，解决是否建和如何建的问题。可在项目建议书阶段对 GEP 影响作简单的定性分析；在可行性研究报告阶段对 GEP 影响进行较为详细、深入的评价，预测 GEP 的变化，并比选对 GEP 影响最小的方案；在环境影响评价阶段对 GEP 影响进行全面、系统的分析，明确影响范围和影响程度，定量评价项目对 GEP 的影响，并对其中的不利影响提出优化建议和控制措施；在初步设计阶段（如有）针对项目实施过程各阶段不同的影响问题，补充增加 GEP 保护和补偿措施。对于限制建设类社会投资项目，可在项目申请报告中的生态环境影响分析部分增加 GEP 影响评价内容，以及在环境影响评价报告中增加 GEP 影响评价内容。鼓励和引导鼓励建设类与允许建设类社会投资项目在项目环境影响评价报告中进行 GEP 影响评价。

在项目 GEP 影响评价中，应参照城市 GEP 核算研究中规定的技术方法，仅针对项目影响到的 GEP 指标进行核算。

在确定项目立项否决的标准方面，我们以基本生态控制线为先决条件，对于占用线内生态用地的项目，能提出相应补偿措施、GEP 能完全恢复的，予以立项；对于线外建设项目，只要对生态环境和 GEP 的负面影响在可控范围内，且能提出相应补偿措施、GEP 恢复率不低于 80% 的，予以立项；反之，不得立项审批。针对项目 GEP 影响类别设置补偿方案，明确补偿计算方法，保证 GEP 的占补平衡，使项目造成的 GEP 损失能够得到有效恢复。

以考促进，将 GEP 纳入
政绩考核

11.1　我国生态环保考核发展历程

在十八大召开之前，我国已经就生态环境保护工作的考核与评价形成了一套独具特色的制度体系。相关制度建设最早可追溯到 20 世纪 80 年代末期推行的环境保护目标责任制度和城市环境综合整治定量考核制度。其中，在《中华人民共和国环境保护法》[1] 中确立了环境保护目标责任制度，通过污染减排考核、重点流域水质目标考核等多种形式，将区域环保目标纳入经济社会发展评价范围和干部政绩考核内容，明确了地方干部在改善环境质量上的权利、责任和义务。1989 年，国务院环境保护委员会发布了《关于城市环境综合整治定量考核的决定》，以量化的指标考核政府在城市环境综合整治方面的工作（赵银慧，2010）。城市环境综合整治定量考核制度的实施推动了制度体系的规范和完善，通过定量考核，对城市政府在推行城市环境综合整治中的活动予以管理和调整（王越和彭胜巍，2014）。

2005 年，我国开始了环保实绩考核的探索，在国家层面出台了《体现科学发展观要求的地方党政领导班子和领导干部综合考核评价试行办法》《关于开展政府绩效管理试点工作的意见》等文件，随后环保实绩考核工作通过地方试点不断完善，重庆、深圳、北京和广州等地相继将环保指标纳入政绩考核体系中，并根据当地实际情况采取各具特色的考核方式和内容（王越和彭胜巍，2014）。环保考核已被纳入政绩考核体系中一体化进行，环保考核指标与 GDP 指标在考核体系中的权重设计更是针锋相对、此消彼长。

此外，生态环境保护工作考核与评价制度体系中还有一些其他的工作模式。一方面是我国自 20 世纪 90 年代启动的环保模范城市、生态省市县、生态文明示范区、森林城市等的创建工作。作为一种以创建目标为导向的自下而上的自主建设模式，其在实施以来形成了创优争先、示范带动的良好氛围，也极大地推动了各创建地区改善生态环境、优化发展模式。

另一方面是从国外引入的环境绩效评估和绿色 GDP 核算等评价方法。通过直接对 GDP 的核算方式进行改造，试图把经济活动过程中的资源环境因素反映在 GDP 中，将资源耗减成本、环境退化成本、生态破坏成本及污染治理成本从 GDP 中加以扣除，同时加上环境保护的效益。但是由于在技术与管理上的缺陷，绿色 GDP 考核难以继续进行下去。

十八大及十八届三中全会召开之后，我国生态环保考核制度有了重大的改变和突破。十八届三中全会通过的《中共中央关于全面深化改革若干重大问题的决定》中提出"完善发展成果考核评价体系，纠正单纯以经济增长速度评定政绩

---

[1]　1989 年 12 月 26 日中华人民共和国主席令第 22 号发布

的偏向，加大资源消耗、环境损害、生态效益、产能过剩、科技创新、安全生产、新增债务等指标的权重"。生态文明考核评价制度的目的在于引导广大干部，尤其是领导干部形成正确的执政导向，将推动科学发展与促进人民群众生活水平和生活质量提高结合起来，把生态文明建设的各项要求细化为各级领导班子的政绩考核内容和工作追求目标，最大限度地实现好、维护好、发展好人民群众的根本利益。

纵观我国生态环保考核的发展历程，生态环保考核与经济社会发展阶段紧密相关，随着社会经济的不断发展，生态环保考核不断深入。在这一过程中，生态环保考核始终在与干部考核体系中的 GDP 崇拜进行较量，充分发挥"指挥棒"的作用，引导着政绩观的转变。

11.2　GEP 纳入考核的必要性

生态文明建设考核和政绩考核提高了各级政府生态环保工作的积极性与紧迫感，能够在一定程度上引导政府的施政行为，促进了一些地方环境质量的改善，特别是对于主要污染物排放的控制，考核起到了较为有效的引导与约束作用。

"城市 GEP"是盐田区在探索生态文明体制机制改革的情况下，率先提出的衡量区域生态效益和评价生态建设成果的一个综合指标。通过城市 GEP 核算，将城市生态系统无偿提供的各类功能价值化，使人们更加直观全面地认识生态环境资源的价值，也更能够体会到生态环境为自身带来的利益。将 GEP 内容纳入生态文明建设考核和政绩考核，增加生态效益等指标考核的权重，强化指标约束，有助于政府执政思路的深刻转变，是对考核评价制度改革的大胆尝试，更是生态文明体制机制创新的切实体现。在保证 GEP 不下降的同时实现 GDP 的增长，是双核算、双考核的关键和目标。通过开展 GDP 与 GEP 双考核，有力引导人们牢固树立"绿水青山就是金山银山"的理念，改变"唯 GDP"论英雄的政绩观，对加快建设美丽中国具有重要的实践探索意义。

11.3　GEP 纳入考核的可行性

（1）国家政策的号召

从国家政策层面分析，党的十八届三中全会指出要"完善发展成果考核评价体系，纠正单纯以经济增长速度评定政绩的偏向"。中央组织部印发的《关于改进地方党政领导班子和领导干部政绩考核工作的通知》规定，要完善干部政绩考核评价指标，不能仅仅把地区生产总值及增长率作为政绩评价的主要指标，而是要重视对生态效益、资源消耗、环境保护等生态指标的考核。2015 年 9 月，中共中央国务院印发的《生态文明体制改革总体方案》中提到"构建充分反映资源消耗、环境损害和生态效益的生态文明绩效评价考核和责任追究制度，着力解决发展绩效评价不全面、责任落实不到位、损害责任追究缺失等问题"。国家一直鼓励地方积极探索评价考核体系，基于区域特点，设计符合地方实际、具有更强操作性的考核制度。

"城市 GEP"是盐田区创新提出的概念，旨在衡量城市生态系统价值、科学评估生态建设成效。在生态文明建设考核与单位绩效和干部勤政考核中加入区域特色指标，反映当地生态文明制度建设的创新亮点，有助于提高部门对该项工作的积极性，也有助于区域整体生态环境质量的提升。

（2）地方政府的大力支持

盐田区委区政府历来高度重视生态文明建设，积极探索生态文明建设体制机制改革创新，在全国率先开展"盐田区 GEP 与 GDP 双核算、双运行、双提升"项目的研究和实践，将"建立盐田区 GDP 与 GEP 双考核机制"作为双提升重点工作之一。在该项研究中明确提出，"将 GEP 指标转化为工作任务，考核相关部门或单位对 GDP 和 GEP 的贡献率，并将该项考核指标纳入盐田区单位绩效和干部勤政考核体系中"。区政府、领导的高度重视及大力支持为开展 GEP 考核提供了先行条件，也为工作的顺利开展扫清了障碍并提供了政策保障。

（3）城市 GEP 的成熟度与实用性得到进一步检验

城市 GEP 关注的是城市中生态系统的运行状况与动态变化，为全面分析和评价生态系统对人类经济、社会发展的支撑作用提供了理论参考。2013 年，盐田区四届三次党代会上提出创建国家生态文明示范区，将生态文明建设作为全区工作主轴，出台了《创建国家生态文明示范区的决定》《生态文明建设三年行动方案（2013—2015）》和《盐田区生态文明建设中长期规划》。其中，在规划中明确提出了要"建立 GEP 核算机制，量化评估自然生态系统价值和绿色发展，加强对 GEP 的重视，改变地方政府的 GDP 政绩观"。2014 年，盐田区政府启动了城市 GEP 核算体系研究项目，通过反复思考与探索，建立了一套符合城市生态系统现状、能够评估城市生态环境价值的城市 GEP 核算体系。

2015 年，盐田区委、区政府联合深圳市委政策研究室（市委改革办）、深圳市发展和改革委员会、深圳市人居环境委员会、深圳市统计局举办了"城市 GEP 创新、融合、发展——美丽中国的盐田探索"论坛，邀请国家各部委、各大院校的专家学者为 GEP 的应用建言献策。该研究成果得到了专家的高度肯定，也引起了较大的社会反响。盐田区在连续两年进行城市 GEP 核算的基础上，提出开展 "GEP 与 GDP 双核算、双运行、双提升工作机制" 研究，并将其纳入区政府重点督办工作及区重点改革计划，继续推动 GEP 机制创新。盐田区城市 GEP 核算体系已得到专家的认可和实际应用的检验，其科学性和可操作性也得到进一步验证。

11.4 GEP 纳入生态文明建设考核机制研究

11.4.1 深圳市及盐田区生态文明建设考核制度现状分析

2007 年，深圳市委市政府颁布《关于加强环境保护建设生态市的决定》（深发〔2007〕1 号），并配套发布了一系列推动生态市建设的制度文件，其中涉及的 76 项具体任务涉及全市几十个单位和部门。当时无论是国家 "城市环境综合整治定量考核" "环境保护模范城市创建"、广东省 "环境保护责任考核"，还是已经成功实施 2 年的深圳市 "治污保洁专项考核" 等环保专项考核，均无法满足生态市建设的管理需求。为确保生态市建设目标与任务的顺利完成，迫切需要搭建一个更高的考核平台，深圳市环境保护工作实绩考核制度应运而生。

截至 2012 年，环境保护工作实绩考核制度已经持续实施了 6 年，经过逐年的创新和完善，从考核组织、内容设置到结果应用等各个环节已经形成了较为成熟的制度体系，同时，从考核效果来看，在引导各级领导干部树立科学政绩观和提升城市发展质量方面起到了积极的作用，成功树立了 "绿色考核" 品牌。为按照十八大、十八届三中全会要求继续深化生态环境保护考核与评价制度的改革探索，继续发挥 "绿色考核" 的指挥棒和助推器作用，推进全市生态文明建设，增进市民绿色福利，深圳市在环境保护工作实绩考核制度的基础上，构建了生态文明建设考核制度。

深圳市生态文明建设考核指标的选取是以十八大以来党和国家关于生态文明建设的最新要求为指引，以全面系统和突出重点相结合为原则，跳出原环保工作实绩考核仅针对环保工作的局限，充分体现 "五位一体" 总体布局要求，既要充分考虑指标的全面性、正确性和关联性，又要充分考虑管理需求和可操作性，筛选出具有代表性的重点指标。

根据《深圳市 2015 年度生态文明建设考核实施方案》①，对各区的考核内容主要包括提升生态环境质量、促进资源节约利用、优化生态空间格局和健全生态

---

① 内部资料

文明制度等方面的各项考核指标的完成情况（表 2-11-1）。

表 2-11-1　深圳市生态文明建设考核指标体系

一级指标	二级指标	序号	三级指标	分值
提升生态环境质量（33分）	空气质量	1	空气质量达标状况	4
		2	PM$_{2.5}$ 污染改善	4
	水环境质量	3	河流及近岸海域达标及改善	7
		4	饮用水源保护及改善	3
	生态资源	5	生态资源指数、生态林及裸土地的变化	5
	治污保洁工程	6	治污保洁工程完成情况	10
促进资源节约利用（30分）	节能降耗	7	节能目标责任考核情况	10
	污染减排	8	污染减排任务完成情况	10
	资源综合利用	9	实行最严格水资源管理制度工作完成情况	3
		10	建筑废弃物减排与综合利用	2
	绿色建筑发展	11	绿色建筑建设	5
优化生态空间格局（22分）	生态控制线保护	12	管控生态控制线内违法开发	5
		13	生态控制线内违法开发整改	5
	生态破坏修复	14	地质灾害和危险边坡防治	3
		15	开发建设项目水土保持监督落实情况	2
	排涝工程建设	16	城市内涝治理	2
	宜居社区创建	17	宜居社区建设	5
健全生态文明制度（15分）	生态文明制度体系建设	18	生态文明制度落实情况	3
	生态文化培育	19	公众生态文明意识	2
	工作实绩	20	生态文明建设工作实绩	10

　　各区的指标考核方式最大限度地体现了客观、公平和群众公认的原则。以空气质量中的"空气质量达标状况"和"PM$_{2.5}$ 污染改善"为例，采用这类客观性指标能够最大限度地减少人为的干扰，保证考核结果的公平公正。

　　盐田区生态文明建设考核制度是在深圳市生态文明建设考核制度的基础上，结合盐田区实际来制定的，其指导思想、考核基本原则与深圳市的标准相符。考核对象为区直机关事业单位、各街道办事处和驻盐单位。比较特别的是，盐田区的生态文明建设考核中明确列有盐田特色指标，如"垃圾减量分类收集工作""市容环境整治"和"绿色创建参与度"等。这些指标的增加可以充分反映盐田区政府在生态环境建设方面所做的工作，激发各单位工作的积极性、主动性和创造性，使生态环境保护工作得到真正重视。

　　通过生态文明建设考核制度的制定，将生态文明建设考核与勤政考核挂钩，将其得分作为评定干部年度考核等次和提拔重用的重要依据之一，充分调动各单位参与生态文明建设的积极性，为贯彻落实生态文明建设各项工作提供制度保障。

11.4.2 GEP 纳入生态文明建设考核制度研究

将 GEP 内容纳入现有的生态文明建设考核制度中，使 GEP 指标与生态文明建设考核紧密联系起来，创新干部实绩考核评价方式，有助于对职能部门的生态效益实绩进行评价，形成有利于促进生态文明建设的考核评价机制，推动经济发展方式的转变。在不改变盐田区生态文明建设考核方式的前提下，将 GEP 指标、内容纳入生态文明建设考核制度中，体现盐田区对生态文明体制机制的创新思想，严格考核程序，补充完善考核内容，激发各被考核单位对生态环保工作的积极性、能动性，大力推进盐田区生态文明制度建设。

11.4.2.1 考核对象

GEP 内容的考核对象与《盐田区生态文明建设考核制度（试行）》中保持一致，主要为区直机关事业单位、街道办事处、中英街管理局和驻盐单位。具体如下。

1）A 类单位（11 个）：区发展和改革局、区经促局、区住房和建设局、区卫生和计划生育局、区环保水务局、区城管局、区机关事务管理局、区规划土地监察局、区工务局、区城市更新局、区前期办。

2）B 类单位（5 个）：沙头角街道办事处、海山街道办事处、盐田街道办事处、梅沙街道办事处、中英街管理局。

3）C 类单位（28 个）：区纪委、区委（府）办、区委组织部、区委宣传部、区统战部、区政法委、区社工委、区信访局、区委党校、区人大办、区政协办、区总工会、团区委、区妇联、区教育局、区民政局、区财政局、区人力局、区审计局、区安监局、区采购中心、区物管中心、盐田公安分局、规划国土委盐田管理局、盐田市场监督管理局、东部交通运输局、盐田海事局、盐田出入境检验检疫局。

11.4.2.2 考核内容

1）A 类单位考核内容：城市 GEP 目标完成情况、本单位年度生态文明建设考核任务及城市 GEP 措施落实情况、组织落实情况、奖惩情况、组长评分。

2）B 类单位考核内容：生态文明建设年度任务完成情况、考核指标完成情况、工作组织落实情况、奖惩情况、组长评分。

3）C 类单位考核内容：工作组织落实情况、组长评分。

根据《盐田区生态文明建设考核制度（试行）》，被考核单位（主要针对 A 类单位）的考核内容包括生态文明建设任务完成情况、组织落实情况、奖惩情况和组长评分这四部分（表 2-11-2）。

表 2-11-2　区直机关事业单位生态文明建设考核内容

考核名称	考核内容	分值	考核责任单位
任务完成情况	城市 GEP 目标完成情况	10	
	本单位年度生态文明建设考核任务及城市 GEP 措施落实情况	70	
组织落实情况	落实本单位生态文明建设责任部门和责任人	1	评审团
	制定本单位生态文明建设年度工作计划	1	
	及时报送生态文明建设工作进度、考核材料等	1	
	编写本单位年度生态文明建设工作实绩报告	2	考核组
奖惩情况	获市级及以上生态文明专项考核荣誉或处罚情况	5	领导小组办公室
组长评分	领导小组组长对各单位完成生态文明建设工作情况和组织落实工作进行整体评价	10	领导小组组长
合　计		100	

为了保证考核制度的可操作性，在不改变考核任务结构的基础上，根据盐田区城市 GEP 内涵及指标任务分解情况，将影响城市 GEP 总量变化的各类指标分解为考核单位的工作指标，明确各责任单位的年度生态文明建设及城市 GEP 提升工作任务，设置城市 GEP 提升目标值，根据工作任务的落实及完成情况来进行结果评定。

11.4.2.3　考核方式

考核方式主要有 5 项，分别为进度考核、第三方现场督查、书面评审、现场陈述和领导评分。

（1）进度考核

A、B 类被考核单位须于第二、第四季度届满后 5 个工作日内分别向领导小组办公室报送本单位年度任务完成情况自查表。领导小组办公室分别对各单位上半年和全年生态文明建设任务的完成情况进行考核，中期核查原则上在当年 7 月完成，年终考核原则上在次年 1 月完成。

（2）第三方现场督查

领导小组办公室委托第三方专业督查机构对生态文明建设年度工程项目的完成情况进行中期和年终核查，核查报告作为年终考核的依据。

（3）书面评审

所有被考核单位需提供考核佐证材料并参加书面评审，由考核组组织专家评审团进行现场评审和打分。其中，A 类被考核单位需提交生态文明建设年度任务完成情况、工作推进落实情况、奖惩情况等的相关佐证材料；B 类被考核单位需提交生态文明建设年度任务完成情况、考核指标完成情况、工作推进落实情

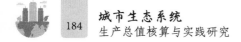

况、奖惩情况等的相关佐证材料；C 类被考核单位需提交年度工作计划和实际完成情况的相关材料。

（4）现场陈述

领导小组办公室主任和副主任出席生态文明建设考核现场陈述会，领导小组办公室随机抽取专家和来自基层一线的区党代表、人大代表、政协委员及居民代表组成考核组。A、B 类被考核单位需提交年度生态文明建设工作实绩报告和 PPT，并进行现场陈述（10min），考核组对各单位进行现场评分。

（5）领导评分

领导小组组长对各被考核单位年度生态文明建设工作的开展及完成情况进行评分。

11.4.2.4 考核结果评定

GEP 提升工作是盐田区生态文明建设中至关重要的一个环节。从本质上来讲，生态文明建设工作涉及内容较广、工作事项较多，GEP 提升工作也是生态文明建设工作中的一部分。也就是说，生态文明建设工作已包含了 GEP 提升工作的内容。由于 GEP 提升工作是盐田区近年生态文明建设工作的重点和创新亮点之一，因此，将 GEP 指标和任务分配到各责任单位进行专项考核，有利于提高各单位对生态环境质量改善、生态资源效益提高等工作的主动性和积极性。

A、B 类被考核单位须于第二、第四季度届满后 5 个工作日内分别向领导小组办公室报送本单位年度任务完成情况自查表，其中需详细说明 GEP 提升工作的本年度工作计划、工作开展时间、工作开展情况及成效等内容。

领导小组办公室委托第三方专业督查机构或区职能部门对生态文明建设任务的完成情况进行中期和年终核查，核查报告作为年终考核的依据。

区生态文明建设年终考核由考核组和区相关职能部门具体评分。考核组由领导小组办公室随机抽取的专家和来自基层一线的区党代表、人大代表、政协委员及居民代表组成。考核组根据考核机制及评分标准对各单位的生态文明建设情况进行打分，根据考核分数，提出评定等级的初步意见，报领导小组审定。考核结果经审定后，由区委区政府正式发文公布，将考核结果向区直机关事业单位、各街道办事处和驻盐单位的上级主管部门予以通报。

考核的具体工作步骤和其他相关程序按照《盐田区生态文明建设考核制度（试行）》规定进行。

11.5　GEP 纳入单位绩效和干部勤政考核

11.5.1　盐田区单位绩效和干部勤政考核制度分析

2012 年，盐田区为充分发挥考核的导向作用，制定了《盐田区单位绩效和干部勤政考核办法（试行）》。单位绩效和干部勤政考核工作由区委组织部负责牵头组织实施，并具体负责单位绩效考核和处级领导干部考核。

11.5.1.1　单位绩效考核

根据《盐田区单位绩效和干部勤政考核办法（试行）》，单位绩效考核的对象是区直机关事业单位、各街道，具体分为党群系列（含人大机关、政协机关、法院、检察院）、政府系列、街道三大类，实行分类考核。考核内容包括目标任务考核、综合履职考核、区委全委会述职评分 3 个部分。各单位在市级以上各类专项考核的情况作为加、减分项目，纳入单位绩效考核。目标任务每季度考核一次，由分管区领导、区委（区政府）督查室对单位年度工作目标任务的完成情况逐项进行网上评议，其中区委、区政府确定的重点工作由分管区领导和区委（区政府）督查室分别进行评议，二者各占 50% 的权重，其他工作由分管区领导进行评议。综合履职每年度考核一次，由与业务相关的考核责任单位对各单位考核内容的完成情况进行评价。区委全委会述职评分每年组织一次，采取区委全委（扩大）会议的形式，对各单位工作开展的整体情况进行评价。对单位绩效考核结果评定等次，设立一、二、三等次。

2013 年，区委组织部对单位绩效考核方案进行改进。街道的年度绩效考核包括目标任务考核（占 50%）、年终述职测评（占 25%）、年终综合考核（占 25%）3 个部分。目标任务考核主要考核本年度由街道主办的区级重点工作和街道承担的具有共性的重要职能的完成情况，分为个性指标、共考项目两类，所占权重分别为 30% 和 70%。个性指标主要指区督查室年初下达、由街道主办的区级重点工作，由区督查室根据街道上报的落实情况，对每项重点工作进行考评，实行季度考核。共考项目选取基层党建、社会管理、民生保障、生态文明等方面的 7 个指标项，全部为年度考核指标，由相关业务部门根据上级规定和工作实际，研究制定具体的考核办法，年底根据考核办法并综合考虑工作量、工作难度等因素进行考核。其中生态文明建设考核分值占目标任务考核的 10%，即生态文明建设考核在街道绩效考核中所占的比重为 5%。

区直机关事业单位的年度绩效考核包括目标任务考核（占 40%）、常规工作考核（占 10%）、年终述职测评（占 25%）、年终综合考核（占 25%）4 个部分。

目标任务考核主要考核区直机关事业单位年度重点工作的完成情况，由各单位年初上报年度目标任务，分管区领导、区督查室每个季度进行考核，考核的办法与街道重点工作考核办法相同。"生态文明建设年度任务考核"作为对 11 个区直机关事业单位和 4 个驻盐单位的单位绩效考核内容。

11.5.1.2　干部勤政考核

干部勤政考核的对象是本区管理的在任（聘）的公务员（含参公管理人员、聘任制公务员）、事业单位职员。考核分为平时考核和年度考核。平时考核重点考核干部的"绩"和"勤"，根据干部完成目标任务、勤政作风等情况，进行量化考核和网上评价，分为 A+、A、B+、B、C、D 6 个等次。其中目标任务以各项工作目标任务的完成情况作为主要依据，勤政作风以工作状态、工作作风、考勤情况及区纪委（监察局）反馈的勤政作风检查情况作为主要依据。

对区直机关事业单位和街道的主要负责人实行季度考核，由上级领导根据掌握的情况进行评价。对区直机关事业单位和街道的其他处级领导干部实行季度考核，由单位主要负责人根据掌握的情况进行评价。对处级非领导及科级以下工作人员实行月度考核，原则上采取上两级考评的方式，即处级非领导、科室负责人由单位主要负责人和分管领导考评，其他人员由分管领导和科室负责人考评，分值各占 50%。

年度考核在平时考核的基础上，综合单位绩效考核、区委全委会评分、民主测评等情况，对干部年度工作情况进行全面考核。区直机关事业单位和街道主要负责人的年度考核由平时考核得分、单位绩效考核分、区委全委会评分、民主测评四部分组成，所占权重分别为 30%、30%、20%、20%。区直机关事业单位和街道其他处级领导干部的年度考核由平时考核得分、单位绩效考核分、民主测评三部分组成，所占权重分别为 50%、25%、25%。处级非领导及科级以下工作人员的年度考核由平时考核、民主测评两部分组成，所占权重分别为 80%、20%。各单位工作人员年度考核的优秀比例与单位绩效考核等次挂钩。

不难看出，单位绩效考核成绩与干部勤政考核密切相关，直接影响干部勤政考核得分。

11.5.2　GEP 纳入单位绩效和干部勤政考核的思路

通过前面的分析不难发现，生态文明建设考核在政府绩效考核中所占比重较低，与《国家生态文明建设示范县（含县级市、区）指标》中生态文明建设工作在党政实绩考核中占比应大于等于 20% 的标准还存在较大差距。因此，应逐步将 GEP 纳入单位绩效和干部勤政考核中，这样既能充分发挥考核指挥棒的作用，促进 GEP 的提升，也可以加大生态文明建设考核在政府绩效考核所占的比重。

建议在单位绩效考核中，将街道目标任务考核的共考项目中生态文明建设工作考核的分值提高至 25 分，并单独增加 GEP 变化情况（以 GEP 提升值最高的街道为满分，以其他街道提升值占最高值的比例计算其他街道得分），分值设为 15 分，二者一起可使生态文明建设占街道年度绩效考核的比重提高至 20%。

对于区直部门，考虑到针对各部门的 GEP 贡献存在交叉，精确核算存在一定的技术难度，因此暂不宜直接考核各部门的 GEP 贡献。建议首先将包含 GEP 提升工作任务的生态文明建设工作考核在区直部门年度绩效考核中的比重提高至 10%，然后再逐步将 GEP 提升工作任务考核内容直接纳入区直部门的绩效考核中。

11.6 小 结

在不改变盐田区生态文明建设考核体系结构的前提下，将 GEP 指标、内容纳入生态文明建设考核中，以区直机关事业单位、街道办事处和中英街管理局为考核对象，新增"城市 GEP 目标完成情况"和"城市 GEP 措施落实情况"等考核内容。创新生态文明考核评价方式，将影响城市 GEP 总量变化的各类指标分解为考核单位的工作指标，明确各项工作对城市 GEP 变化的影响；发挥对生态文明建设工作的主动性和创造性，针对各单位职责提出相应的城市 GEP 提升工作任务，明确其提升目标，根据评分要求和评分标准评定 GEP 提升工作任务的完成情况，根据具体情况予以奖励或惩罚。将 GEP 内容与生态文明建设考核紧密联系起来，反映本地区生态文明制度建设的创新亮点，推动考核方式的发展和转变。

同时，将 GEP 纳入盐田区单位绩效和干部勤政考核中，对于街道，可将街道目标任务考核的共考项目中生态文明建设工作考核的分值提高至 25 分，并单独增加 GEP 变化情况（以 GEP 提升值最高的街道为满分，以其他街道提升值占最高值的比例计算其他街道得分），分值设为 15 分，二者一起可使生态文明建设占街道年度绩效考核的比重提高至 20%。对于区直部门，建议首先将包含 GEP 提升工作任务的生态文明建设工作考核在区直部门年度绩效考核中的比重提高至 10%，然后再逐步将 GEP 提升工作任务考核内容直接纳入区直部门的绩效考核中。

建立城市 GEP 长效运行机制

长效运行机制是指能长期保证制度正常运行并发挥预期功能的制度体系。长效运行机制应当是一个宏观的、整体的构架，是一个总体的考虑和规划。尽管被称为长效运行机制，但它不是一成不变的，它必须随着时间、条件的变化而不断丰富、发展和完善。

以生态文明建设为着力点，以推动 GEP 进规划、进项目、进决策、进考核为主要目标，建立城市 GEP 长效运行机制，充分发挥 GEP 对城市发展的客观指导作用，对于保障城市生态系统的有序、健康、高效运转具有十分重要的意义。

建立 GEP 长效运行机制，可以从约束机制、激励机制、补偿机制、损害惩罚机制这几方面来进行研究。

12.1 GEP 约束机制

12.1.1 约束机制的作用与分类

约束机制是指为规范组织成员行为，便于组织有序运转，充分发挥其作用而经法定程序制定和颁布执行的具有规范性要求、标准的规章制度与手段的总称。约束机制的内容包括法律法规、行业标准、内部规章制度及各种形式的监督等（全艳玲，2009）。

按照约束形成的方式，约束机制可以分为外部约束机制和内部约束机制两种类型，外部约束机制主要是通过经济、法律、行政等刚性手段来提高主体的行为成本；内部约束机制则是通过柔性的自律机制来增强经济主体自觉的守约意识（袁定金，2003）。

（1）外部约束机制

外部约束机制主要体现为在市场经济环境中使用经济手段惩戒市场主体的背约行为，同时对经济主体守约的行为进行奖励的一系列机制。其主要特征包括：社会信息公开化、交易运作透明化、奖惩方式市场化、实现机制灵活化。市场联防体系是外部约束机制的重要组成部分，在科学成立征信数据库的基础上，减少由信息不充分引发的市场交易方的损失，从而使惩戒背约和激励守约得以保证（周庆华，2012）。

以物质利益的奖惩来强化约束机制，促使经济主体严守交易规则，需要在市场上广泛地形成背约惩戒和守约褒奖的主导理念。实现该目标的重要保证是建立起一种有效的参与机制，使资源开发的经济主体的破坏成本大于其破坏收益，以消除其破坏环境的经济动力，通过为保护性开发的经济主体获得生产性资源和战略性资源提供便利的方式对其进行合理的政策激励。

（2）内部约束机制

由于现实社会中正式制度失灵、信息不对称等情况普遍存在，以道德、价值观念等组成的非正式制度作为有益的补充发挥着重要的调节作用（周庆华，2012）。因此，通过伦理道德、文化传统、宗教信仰、价值观念等非正式制度来加强经济主体的自律机制具有重要意义。

12.1.2　约束机制在生态保护方面的应用

相对于知识、资本、技术等生产要素而言，生态环境在人们的经济活动和社会生活中充当着公共物品的角色，与生态环境联系紧密的利益相关者有政府、企业、居民等众多经济主体。由于某个经济主体为追求短期利益而对生态资源进行过度开发利用，从而对生态环境造成严重的破坏，使其他相关者的利益受损和社会整体福利降低，因此有必要建立完善的约束机制，通过处罚措施或警示措施来实现对生态环境的有效保护。

约束机制能对其他没有违反合约规定，但又企图违规的经济主体发挥警示的作用，从而推动利益相关者乃至社会整体福利水平的提高，对于实施破坏的短期功利主义行为来说这也是约束机制存在的意义。

从经济学的角度来看，经济主体破坏生态环境的目的主要来自在对成本收益问题进行合理比较的基础上所做出的选择。当其发现保护性开发所能带来的预期收益高于破坏可能产生的当期收益，并且对破坏付出的成本高于破坏产生的收益时，经济主体会通过严格遵守规定来实现预期的目标收益。但是，当保护生态环境所能带来的预期收益等于或低于破坏行为在当期可能产生的收益，并且对破坏付出的成本低于破坏所带来的收益时，经济主体就会产生对生态资源进行破坏性开发的动机（唐剑和贾秀兰，2012）。

为了实现对生态环境的有力保护，需要从三方面来进行实际约束：一是制定相关法律制度，二是建立利益相关者的集体约束机制，三是实行道德约束，合理规范经济主体在政府调控失灵或市场调节失灵条件下的生态破坏行为。在协同互补机制的作用下，约束机制对地区生态环境的保护发挥着双向联动的功能。

12.1.3　建立盐田区 GEP 约束机制

建立 GEP 约束机制，是为了减少或防止使生态破坏、使 GEP 下降的行为的发生。参考生态环境保护相关制度中约束机制的制定原则，从外部约束和内部约束两方面进行分析，提出建立以 GEP 为主要内容和制约因素的约束机制，主要从以下几方面考虑。

（1）制定 GEP 相关规章制度，以法律形式发挥刚性约束作用

制定 GEP 相关制度法规并通过强有力的监督措施保证其实施。通过制定 GEP 相关工作制度，规范政府工作程序，明确政府部门对 GEP 提升工作的责任，促进 GEP 核算工作的规范化，使政府相关工作能够按规有序地进行。发挥法律约束作用，制定 GEP 相关法律法规，使"GEP 不下降"等相关内容进入法律保护程序，强化"GEP 立法"的严肃性、必要性和紧迫性。

（2）从经济调控出发，建立 GEP 资金约束政策，保证专款专用

制定 GEP 专项资金使用政策，由专人负责管理，保证 GEP 相关工作资金充足并且能够及时到位；对 GEP 相关项目的资金使用情况进行记录，本着专款专用的原则，严格执行项目资金批准使用程序，不得挪用、滥用、挤占 GEP 专项资金，加强审计监督，对 GEP 专项资金的流转情况进行定期督查。

（3）制定相关监督管理程序，健全以城市 GEP 为核心的考核体系

制定相关监督管理办法，明确 GEP 各项工作环节，提出重点监督内容，对于不遵照 GEP 工作计划和工作纪律的责任单位或个人，追究其相应责任。围绕城市 GEP 相关工作，以生态文明建设考核为依托，实行 GEP 专项考核，并将 GEP 专项考核与单位绩效和干部勤政考核挂钩，对各相关单位的 GEP 专项任务的完成情况进行评价，以考核来约束政府工作。

（4）加强 GEP 宣传教育，以内部自律作为约束的必要补充

加强关于 GEP 维护重要性的宣传和教育，运用合理的传播工具和科学的传播方式，对 GEP 的理念、作用、意义进行广泛宣传，在政府、企业、居民等利益相关者之间树立"人与自然和谐发展"的思想观念，并通过自我实现、自我纠错等内部约束机制不断发挥作用，将"GEP 提升"逐步内化为自身的行动目标和行为导则。

12.2　GEP 激励机制

12.2.1　激励机制的内涵与作用

激励是指能够激发人的行为的心理过程。在企业管理中，激励可以理解为企业通过创造满足企业人员各种需要的条件，激发企业人员的各种潜能及努力动机，使之产生实现组织目标的特定行为的过程。激励机制一旦形成，就会内在地作用于组织系统本身，使组织机能处于一定的状态，并进一步影响组织的生存和发展（唐元琴和李竞，2011；高晓伟，2016）。

建立激励机制，不仅可以充分调动参与者的积极性和创造性，提高工作效率，而且有利于良好竞争氛围的形成，营造出一种努力进取、奋发向上的氛围。

激励行为的出现取决于人们的工作动机。激励分为内在激励和外在激励。所谓内在激励来自参与者和任务之间的直接关系，即完成工作本身而产生的成就感、挑战感和胜利感。外在激励来自任务外部的工作环境，如经济物质奖励、附加补贴、政策优惠等形式（万传才，2006）。

激励机制是需要不断更新调整的，一项激励措施在出台之初可能起到很好的激励作用，但过一段时间之后，这种作用效果就会慢慢下降。所以只有针对人们不同时期或不同层次的需要，制定调整激励措施，同时保持激励措施的创新性，才能使激励机制有效地调动参与者的积极性和创造性。

12.2.2 激励机制在生态保护方面的应用

随着我国经济社会的迅速发展，生态破坏、资源消耗、环境污染等问题日益显现，生态环境管理上的矛盾也随之突出。仅仅依靠行政指令监督管理手段的生态环境管理方式已远远不能适应形势的需要，在生态管理方面急需建立适应市场经济条件的激励机制，通过各类手段来激发社会对生态环境保护的积极性，从而形成新的管理体制、投资体制，推动生态环境保护事业健康发展。

江西省在 2008 年的《政府工作报告》中提出要建立健全生态环境保护长效管理机制和激励机制。该项激励机制主要是从财政支出方面来设定的，包括制定森林生态效益补偿标准、加大对生态环境保护行为的奖励力度、设立基层生态环境管理与保护专项经费、重点支持污染物减排监测和考核体系建设等内容（熊志强，2008）。

广东省于 2012 年提出要探索建立生态发展激励机制，以促进珠三角等区域的经济社会发展和生态文明建设。该激励机制主要从 3 个环节着手：一是建立科学的生态保护和建设业绩评价体系，由省组织对相关区域的生态文明建设成效进行全面评估，作为实行生态发展激励的基本依据；二是制定地方法规明确生态激励的途径和方式，由省政府设立生态发展激励基金；三是制定合理的激励和补偿标准，对那些为保护生态环境做出贡献的单位和个人给予足够的激励。确定生态激励力度要全面考虑不同区域的生态和经济等方面的多种因素，包括保护和建设生态环境的成效、人财物的投入与消耗、机会成本、全省的经济发展水平及财政支付能力（郑志国，2012）。

在生态建设、环境保护领域，构建一套实用有效的激励机制，对强化政府和企业环境责任，促进地方政府积极地履行环境保护职责有重要的推动作用。

12.2.3　建立盐田区 GEP 激励机制

盐田区立足城市 GEP 研究成果，结合生态文明建设成效，提出要建立 GEP 激励机制，加强对生态环境保护行为的鼓励，建立多元化的激励政策，强化生态保护的正面导向，促进全社会共同参与城市 GEP 建设。

GEP 激励机制不仅针对政府部门，更是从实际行动上对辖区内相关企业和辖区居民在 GEP 方面所做努力的一种肯定、鼓励及嘉奖。建立 GEP 激励机制的目的是调动各方对 GEP 工作的积极性，激发和引导其正向行为，实现激励主体所期望的目标。针对不同的对象，制定对应的激励策略。

（1）对于区直部门和相关单位及领导干部

GEP 工作涉及党政日常工作的方方面面，离不开各相关单位和部门的支持与配合。为了调动各单位、部门和干部对 GEP 提升等相关工作的积极性与主动性，可以制定一系列激励措施，将 GEP 考核写入生态文明建设考核及单位绩效和干部勤政考核制度中，加大 GEP 考核在生态文明建设考核及单位绩效和干部勤政考核中的权重。对于按计划完成 GEP 相关任务且完成情况较好的部门或单位及领导干部，可适当给予精神激励、荣誉激励、工作激励及物质奖励，如对该部门或单位在年终单位绩效考核时进行加分，对于 GEP 相关工作成绩斐然、贡献突出的部门或单位，在政府工作会议上给予表扬并颁发相应荣誉，对于表现突出的领导干部或个人，建立以城市 GEP 相关工作为依据的政府工作人员选拔、任用、晋升机制。

（2）对于辖区内相关企业

加大贷款、税费政策的优惠力度。制定一系列的贷款优惠政策，加大对绿色低碳、技能环保、循环经济等相关产业的补贴，对相关企业在贷款和担保上给予一定优惠。设立 GEP 提升专项基金，对引入新能源和可再生能源、资源高效利用、绿色节能生产、环境综合治理等方面技术与人才的企业，给予适当奖励。除此之外，还可以设立相关税收减免政策，当企业建设能够满足"GDP 与 GEP 双提升"条件时，可对其所得税、设备销售税及财产税实行一定程度的减免。

开设绿色通道，提高审批效率。为"GDP 与 GEP 双提升"的产业和项目开设绿色通道，提高审批效率。加快相关项目的用地选址意见书、用地方案图、建设用地规划许可证、建设工程规划许可证、建筑施工许可证和环境影响审批等各类文件的审批效率，在满足相关规定的前提下，最大限度地缩短审批时限。

除了制定相关激励政策外，还可辅以荣誉和经济物质奖励。对于大力支持盐田区城市 GEP 建设的企业和对城市 GEP 提升有突出贡献的企业，可以区政府或区行政管理部门的名义颁发授予相关荣誉称号，对于该企业的法人、主要管理人员或技术人员给予经济物质奖励。

（3）对于辖区居民

制定 GEP 提升公众参与奖励办法，明确奖励资金，对于为城市 GEP 工作提供有益建议或对城市 GEP 提升有实质贡献的市民，按年度评选出城市 GEP 提升市民模范，并予以奖励。

结合《盐田区生态文明建设全民行动纲要》[①]，推动"碳币"信用体系的构建与实施，将 GEP 提升与"碳币"行动计划相联系，将公众参与 GEP 相关活动的行为以碳积分的形式予以量化并给予奖励。

设立线上公众参与平台，充分发挥民主决策和监督作用，鼓励大家为盐田区城市 GEP 提升工作建言献策，每年评选出一定数量评价到位、意见中肯、对城市 GEP 工作有益的评论或建议，对发出者给予一定的物质奖励。

有效发挥公众参与作用，激发社会各界"人人参与、人人尽力、人人享有"的能动性，以生态环境保护理念引导公众价值取向、生活方式和消费行为的转型，在全社会形成维持 GEP 稳定、保护生态环境的强大合力。

12.3 GEP 补偿机制

12.3.1 生态补偿机制的概念

生态补偿（ecological compensation）是以保护和可持续利用生态系统服务为目的，以经济手段为主调节相关者利益关系的制度安排。更详细地说，生态补偿机制是以保护生态环境、促进人与自然和谐发展为目的，根据生态系统服务价值、生态保护成本、发展机会成本，运用政府和市场手段，调节生态保护利益相关者之间利益关系的公共制度，具体是由生态影响的责任者承担破坏环境的经济损失，对生态环境保护的建设者和生态环境质量降低的受害者进行补偿（王金南等，2006；王健，2007）。

在我国，生态补偿制度可以理解为生态转移支付制度。生态转移支付制度是政府补偿的形式之一，是一种命令和控制式的生态补偿形式，也是当前我国实施的生态补偿中最主要的方式。生态转移支付从广义的角度来看，包括一切与生态有关的转移支付；从狭义的角度来看，主要是针对重点生态功能区的转移支付。生态转移支付制度的实施不仅是为了更好地促进生态环境保护工作的开展，也是为了实现区域产业布局和资源开发的合理化，从而促使区域经济社会协调发展（孔凡斌，2007；陈学斌，2010）。

① 内部资料

12.3.2　我国的生态补偿机制实践

从国家到地方，各级政府在生态转移支付的立法、融资、分配方法等诸多方面进行了有益的探索。

我国从 2008 年开始试点国家重点生态功能区的财政转移支付制度，这是目前我国唯一的直接针对国家重点生态功能区生态环境保护和生态建设的补偿政策（刘璨等，2017）。该制度明确了位于国家重点生态功能区的地区生态转移支付资金按以下公式计算：某省（区、市）国家重点生态功能区转移支付应补助数 = 该省国家重点生态功能区所属县标准财政收支缺口 × 补助系数 + 引导性补助 ± 奖惩资金。在此基础上，对于生态环境明显改善的县，适当增加了转移支付金额。国家重点生态功能区转移支付金额自实施以来呈现逐年递增的趋势，这些资金为国家重点生态功能区的功能发挥做出了贡献，在一定程度上缩小了东、中、西部的区域收入差异（钟大能，2014）。

2012 年，广东省人民政府正式印发了《广东省生态保护补偿办法》（粤府办〔2012〕35 号），对经济欠发达地区的国家级和省级重点生态功能区进行生态补偿，将符合条件的县（市）分为国家级生态区和省级生态区两个类别，实行差异化的补偿政策。广东省生态保护补偿转移支付资金分为基础性补偿和激励性补偿两部分，并按 50% 的比例确定资金的分配额。其中基础性补偿部分用于保证其基本公共服务支出的需要，根据县（市）的基本财力保障需求辅以调整系数按不同类别计算确定。激励性补偿则与重点生态功能区保护和改善生态环境的成效挂钩，生态保护成效越好，获得的奖励越多。

浙江省为缓解不同地区之间由环境资源禀赋、生态系统功能定位不同导致的发展不平衡问题，于 2008 年印发了《浙江省生态环保财力转移支付试行办法》（浙政办发〔2008〕12 号），在全省八大水系开展流域生态补偿试点，将生态公益林建设、水库建设、流域水环境质量提高、大气环境质量改善等列入考核指标，并规定了转移支付的标准和管理措施。2011 年开始全面实施对所有市、县的生态环保财政转移支付，成为全国第一个实施省内全流域生态补偿的省份。其转移支付补助依据是以环境监测装置检测的水体、大气、森林等生态环保指标为基本因素，由省财政根据掌握的各地实际财力状况，设置不同档次的兑现补助系数进行补助。

深圳市为贯彻落实国家生态补偿工作的要求，维护城市生态安全与可持续发展，于 2012 年制定了《深圳市生态转移支付实施办法》（征求意见稿），确定了基于各区生态资源状况进行打分和补偿支付的实施方法，推进了城市尺度的生态补偿及生态转移支付工作。

12.3.3 建立 GEP 补偿机制

盐田区基于 GEP 与 GDP 双核算、双运行、双提升工作，探索建立 GEP 补偿机制，一方面可通过树立"谁损害 GEP，谁补偿"的观念，让企业更好地承担维护城市生态系统功能的责任；另一方面可加强政府的调节作用，合理规划区域的产业布局、资源开发和生态建设，从而促使区域经济社会生态环境协调发展。

（1）建立项目 GEP 补偿制度

根据"谁损害 GEP，谁补偿"的基本原则，由造成 GEP 损害的项目或企业对 GEP 降低的数量进行补偿。对于可以在损害原址进行修复补偿的，可由项目承担方主导实施补偿，具体的补偿形式包括修复城市生态系统服务功能和交付城市生态系统功能恢复费用两种，交付城市生态系统功能恢复费用的，由政府指定第三方技术单位采用相应的方法实施生态系统功能恢复。

（2）建立政府统筹 GEP 补偿制度

对于无法在损害原址进行修复补偿的，可由政府全面统筹，在区域内进行总量调剂，在辖区内其他有条件进行城市生态系统功能建设的区域进行补偿，以达到 GEP 总量不降低的目标。区政府可根据各相关部门制定的年度 GEP 提升计划，结合辖区 GEP 现状，制定辖区年度 GEP 提升计划，明确各相关部门的责任，保证各部门 GEP 提升所需资金，狠抓落实，确保 GEP 稳定提升。

（3）制定 GEP 转移支付实施办法

结合 GEP 考核工作，制定生态转移支付金的标准，对在维持和提升城市 GEP 总量中做出突出贡献的片区给予生态转移支付金，以补偿或奖励该片区对 GEP 的贡献，有效调动其维护城市生态系统服务功能的积极性。

（4）保障补偿资金来源

为保障城市"GEP 不降低"的基本目标，实施城市生态系统服务功能维护所需的补偿资金，应由区政府和社会资金共同筹集。区政府应当将负担的 GEP 补偿资金纳入年度财政预算安排。为了减轻区政府的财政压力，可积极吸收社会资金，设立维护城市 GEP 专项基金。实施 GEP 补偿的资金的来源可包括 4 个部分：政府拨款、向对城市生态系统服务功能造成负面影响的企业征收的环境保护资金、向造成 GEP 严重损害的企业征收的罚款、维护城市 GEP 专项基金运作的正当收益。

（5）加强 GEP 补偿绩效考核

区财政部门根据年度城市 GEP 的考核情况，核拨城市 GEP 补偿支付资金，并按照财政资金绩效评价的要求，对资金的使用情况进行绩效评价，对相关部门、企业是否合法、合规、合理使用补偿资金，以及专项资金投入产出比等进行绩效评估，评估结果可作为下一年度城市 GEP 补偿支付资金的分配依据。

12.4 GEP 损害惩罚机制

12.4.1 建立损害惩罚机制的背景

党的十八届三中全会明确提出对造成生态环境损害的责任者严格实行赔偿制度。《中共中央国务院关于加快推进生态文明建设的意见》进一步提出，要加快推进生态文明制度体系建设，"基本形成源头预防、过程控制、损害赔偿、责任追究的生态文明制度体系"。

2015 年 12 月，中共中央办公厅、国务院办公厅正式印发了《生态环境损害赔偿制度改革试点方案》，明确了"通过试点逐步明确生态环境损害赔偿范围、责任主体、索赔主体和损害赔偿解决途径等，形成相应的鉴定评估管理与技术体系、资金保障及运行机制，探索建立生态环境损害的修复和赔偿制度"。试点方案同时提出，"到 2020 年，力争在全国范围内初步构建责任明确、途径畅通、技术规范、保障有力、赔偿到位、修复有效的生态环境损害赔偿制度"。生态环境损害赔偿制度的确立，明确了各级人民政府可作为赔偿权利人对由环境污染、生态破坏导致的生态环境要素及功能的损害进行索赔。

同时，在中共中央办公厅、国务院办公厅印发的《开展领导干部自然资源资产离任审计试点方案》中也提出了要开展"对被审计领导干部在任职期间履行自然资源资产管理和生态环境保护责任情况进行审计评价"的工作，对人为因素造成的严重损毁自然资源资产和重大生态环境损害责任事故，依法依规追究相关人员的责任。深圳市编制了《深圳市领导干部自然资源资产责任审计制度（试行）》[1]，进一步明确了根据自然资源资产责任审计的结果对领导干部应当承担责任的问题或者事项进行责任追究。

12.4.2 生态损害赔偿制度框架体系

《生态环境损害赔偿制度改革试点方案》作为对今后一个时期我国生态环境损害赔偿制度改革的全面规划和部署，明确了生态损害赔偿制度的具体内容，是 GEP 损害惩罚机制的重要参考依据。

---

① 内部资料

（1）明确赔偿范围

"生态环境损害赔偿范围包括清除污染的费用、生态环境修复费用、生态环境修复期间服务功能的损失、生态环境功能永久性损害造成的损失以及生态环境损害赔偿调查、鉴定评估等合理费用。"

（2）确定赔偿义务人

"违反法律法规，造成生态环境损害的单位或个人，应当承担生态环境损害赔偿责任。现行民事法律和资源环境保护法律有相关免除或减轻生态环境损害赔偿责任规定的，按相应规定执行。"

（3）明确赔偿权利人

各级人民政府可作为本行政区域内生态环境损害赔偿权利人，并可指定相关部门或机构负责生态环境损害赔偿的具体工作。同时，各级政府"应当制定生态环境损害索赔启动条件、鉴定评估机构选定程序、管辖划分、信息公开等工作规定，明确环境保护、国土资源、住房城乡建设、水利、农业、林业等相关部门开展索赔工作的职责分工。建立对生态环境损害索赔行为的监督机制，赔偿权利人及其指定的相关部门或机构的负责人、工作人员在索赔工作中存在滥用职权、玩忽职守、徇私舞弊的，依纪依法追究责任；涉嫌犯罪的，应当移送司法机关"。

（4）开展赔偿磋商

"经调查发现生态环境损害需要修复或赔偿的，赔偿权利人根据生态环境损害鉴定评估报告，就损害事实与程度、修复启动时间与期限、赔偿的责任承担方式与期限等具体问题与赔偿义务人进行磋商，统筹考虑修复方案技术可行性、成本效益最优化、赔偿义务人赔偿能力、第三方治理可行性等情况，达成赔偿协议。磋商未达成一致的，赔偿权利人应当及时提起生态环境损害赔偿民事诉讼。赔偿权利人也可以直接提起诉讼。"

（5）完善赔偿诉讼规则

各级人民法院要"按照有关法律规定、依托现有资源，由环境资源审判庭或指定专门法庭审理生态环境损害赔偿民事案件；根据赔偿义务人主观过错、经营状况等因素试行分期赔付，探索多样化责任承担方式"。

（6）加强生态环境修复与损害赔偿的执行和监督

"赔偿权利人对磋商或诉讼后的生态环境修复效果进行评估，确保生态环境得到及时有效修复。生态环境损害赔偿款项使用情况、生态环境修复效果要向社会公开，接受公众监督。"

（7）规范生态环境损害鉴定评估

"要加快推进生态环境损害鉴定评估专业机构建设，推动组建符合条件的专业评估队伍，尽快形成评估能力。研究制定鉴定评估管理制度和工作程序，保障独立开展生态环境损害鉴定评估，并做好与司法程序的衔接。为磋商提供鉴定意见的鉴定评估机构应当符合国家有关要求；为诉讼提供鉴定意见的鉴定评估机构应当遵守司法行政机关等的相关规定规范。"

（8）加强生态环境损害赔偿资金管理

"经磋商或诉讼确定赔偿义务人的，赔偿义务人应当根据磋商或判决要求，组织开展生态环境损害的修复。赔偿义务人无能力开展修复工作的，可以委托具备修复能力的社会第三方机构进行修复。修复资金由赔偿义务人向委托的社会第三方机构支付。赔偿义务人自行修复或委托修复的，赔偿权利人前期开展生态环境损害调查、鉴定评估、修复效果后评估等费用由赔偿义务人承担。"

12.4.3　建立 GEP 损害惩罚机制

生态环境损害，是指因污染环境、破坏生态造成的大气、地表水、地下水、土壤等环境要素和植物、动物、微生物等生物要素的不利改变，以及上述要素构成的生态系统功能的退化。GEP 损害是生态损害的一种类型，探索建立 GEP 损害惩罚机制是对我国生态损害赔偿机制的必要补充。在国家生态损害赔偿机制框架体系的基础上，提出建立以"GEP 不下降"为标准的 GEP 损害惩罚机制。

（1）推进 GEP 损害惩罚法制化

建立 GEP 损害惩罚制度，根据 GEP 各项指标的保护、恢复、利用、损毁、破坏等的变动情况，对相关责任部门和个人进行监督、评价和鉴证，明确对于造成 GEP 损害的单位或个人，依法依规应受到相应的惩罚，确定"GEP 不下降"的法律地位。根据赔偿义务人的主观过错、经营状况等因素试行分期赔付，探索多样化的责任承担方式。将 GEP 损害纳入领导干部自然资源资产责任审计，对造成 GEP 严重损害的领导干部，按照领导干部自然资源资产责任审计制度对其追究责任。

（2）推进自然资源资产确权登记，明确 GEP 损害管理责任主体

当前盐田区的水资源、林地资源、近岸海域资源等与城市 GEP 核算相关的自然资源存在产权归属不清晰、权责不明确、管理和用途使用权分离等问题，这些问题造成了自然资源资产管理的责任主体不明确，进而导致了 GEP 损害的管理责任主体模糊的问题。建立 GEP 损害惩罚机制，应加快推进影响城市 GEP 总量变化的各类自然资源资产的登记确权工作，划清资源的产权归属，建立区直部门和相关单位与 GEP 各项指标的责任清单，明确 GEP 损害的管理责任主体。

（3）建立 GEP 损害鉴定评估机制

加快推进 GEP 损害调查、鉴定评估、修复方案编制、修复效果评估等业务

工作。与具有 GEP 损害评估能力的第三方技术单位开展合作，开展城市 GEP 损害调查，对损害城市 GEP 的行为进行鉴定，鉴定结果可作为相应的惩罚依据。

研究制定鉴定评估管理制度和工作程序，保障独立开展 GEP 损害鉴定评估，并做好与司法程序的衔接。提供鉴定意见的第三方鉴定评估机构应当遵守司法行政机关等的相关规定规范。

（4）加强城市生态系统修复

建立相应的城市生态系统修复机制，明确自然资源资产管理责任单位和造成城市 GEP 损害的单位与个人修复城市生态系统功能的相应责任，确保城市生态系统功能得到及时有效的修复，以及时扭转 GEP 下降的局面。

（5）鼓励公众参与

创新公众参与方式，邀请专家和与利益相关的公民、法人及其他组织参加城市生态系统修复工作。依法公开 GEP 损害调查、鉴定评估、赔偿、诉讼裁判文书和城市生态系统修复效果报告等信息，保障公众的知情权。

参 考 文 献

白瑜, 彭荔红. 2011. 城市生态系统服务功能价值的研究与实践. 海峡科学, (6): 16-18, 31.

北京市质量技术监督局. 2010. 古树名木日常养护管理规范: DB11/T 767—2010. 北京.

蔡伟斌, 李贞. 2002. 深圳市盐田区植被格局分析. 农村生态环境, 18(3): 16-20.

曹洁. 2004. 山西省空气污染对人体健康经济损失的计算. 太原理工大学学报, 35(1): 86-88.

陈东景. 2006. 基于生态系统服务的区域综合发展能力评价体系设计. 新视角, (7): 97-107.

陈海滨, 刘晶昊, 王元刚. 2003. 城镇垃圾转运站模块化设计. 环境卫生工程, (2): 97-100.

陈佳瀛, 宋永昌, 陶康华, 倪军. 2006. 上海城市绿地空气负离子研究. 生态环境, 15(5): 1024-1028.

陈梦根. 2005. 绿色GDP理论基础与核算思路探讨. 中国人口·资源与环境, (1): 6-10.

陈尚, 张朝晖, 马艳, 石洪华, 马安青, 郑伟, 王其翔, 彭亚林, 刘键. 2006. 我国海洋生态系统
　　服务功能及其价值评估研究计划. 地球科学进展, 21(11): 1127-1133.

陈学斌. 2010. 我国生态补偿机制进展与建议. 宏观经济管理, (9): 30-32.

成程, 肖燚, 欧阳志云, 饶恩明. 2013. 张家界武陵源风景区自然景观价值评估. 生态学
　　报, 33(3): 771-779.

董雅文. 1982. 城市生态研究的某些进展. 生态学杂志, (1): 44-47, 65.

段显明, 屈金娥. 2013. 基于BenMAP的珠三角PM_{10}污染健康经济影响评估. 环境保护与循环
　　经济, 33(12): 46-51.

高晓伟. 2016. 浅谈企业如何建立有效的激励机制. 经济师, (1): 259-261.

管鹤卿, 秦颖, 董战峰. 2016. 中国综合环境经济核算的最新进展与趋势. 环境保护科
　　学, 42(2): 22-28.

广东省人民政府. 2012. 广东省生态保护补偿办法. http://zwgk.gd.gov.cn/006939748/201204/
　　t20120428_313762.html[2016-12].

郭宝东. 2011. 湿地生态系统服务价值构成及价值估算方法. 环境保护与循环经济, 31(1): 67-70.

郭烨, 刘金鑫, 王洪围. 2017. 基于模块化设计的新型分析模型. 中国集体经济, (33): 62-63.

国家林业局. 2008. 森林生态系统服务功能评估规范: LY/T 1721—2008. 北京: 中国标准出版
　　社: 1-20.

国土资源部. 2009. 土地利用总体规划编制审查办法. http://www.gov.cn/gzdt/2009-02/11/content_
　　1227534.htm[2016-8].

国务院办公厅. 2015. 中共中央国务院关于加快推进生态文明建设的意见. http://www.scio.gov.
　　cn/xwfbh/xwbfbh/wqfbh/37601/39515/xgzc39521/Document/1644153/1644153.htm[2016-5].
胡海胜. 2007. 庐山自然保护区森林生态系统服务价值评估. 资源科学, 29(5): 28-36.
胡剑剑. 2009. 基于绿色GDP的我国政府绩效考核指标体系研究. 长沙: 长沙理工大学硕士学
　　位论文.
环境保护部. 2011. 建设项目环境影响技术评估导则: HJ 616—2011. 北京: 中国环境科学出版社.
环境保护部. 2014. 规划环境影响评价技术导则 总纲: HJ 130—2014. 北京: 中国环境科学出版社.
黄春华, 马爱花. 2009. 基于城市生态美学视野中的城市生态环境探析. 前沿, (8): 128-130.
金宏伟, 柏连玉. 2016. 森林资源资产负债表框架结构研究. 绿色财会, (1): 3-11.
金宗哲. 2006. 负离子与健康和环境. 中国建材科技, 15(3): 85-87.
靳芳, 鲁绍伟, 余新晓, 饶良懿, 张振明, 毛富铃. 2005. 中国森林生态系统服务价值评估指标
　　体系初探. 中国水土保持科学, 3(2): 5-9.
孔凡斌. 2007. 完善我国生态补偿机制: 理论、实践与研究展望. 农业经济问题, (10): 50-53, 111.
匡永利. 2008. 区域环境价值核算的理论研究. 现代商贸工业, (7): 93-94.
李波, 宋晓媛, 谢花林, 郝利霞, 张书慧. 2008. 北京市平谷区生态系统服务价值动态. 应用生
　　态学报, 19(10): 2251-2258.
李洪波, 李燕燕. 2010. 武夷山自然保护区生态旅游资源非使用性价值评估. 生态学杂
　　志, 29(8): 1639-1645.
李健, 陈力洁. 2005. 论"绿色GDP"核算体系及其面临的问题. 北方环境, 30(1): 1-4.
李金华. 2015. 联合国环境经济核算体系的发展脉络与历史贡献. 国外社会科学, (3): 30-38.
李京梅, 许志华. 2014. 基于内涵资产定价法的青岛滨海景观价值评估. 城市问题, (1): 24-28.
李镜, 张健, 曾维忠. 2007. 区域生态系统服务功能价值评估研究——以雅安市为例. 国土资源
　　科技管理, 24(2): 114-119.
李茂. 2005. 联合国综合环境经济核算体系. 国土资源情报, (5): 13-16.
李文华, 张彪, 谢高地. 2009. 中国生态系统服务研究的回顾与展望. 自然资源学报, 24(1): 1-10.
李文楷, 李天宏, 钱征寒. 2008. 深圳市土地利用变化对生态服务功能的影响. 自然资源学
　　报, 23(3): 440-446.
梁洁, 张孝德. 2014. 生态经济学在西方的兴起及演化发展. 经济研究参考, (42): 38-45.
刘璨, 陈珂, 刘浩, 陈同峰, 何丹. 2017. 国家重点生态功能区转移支付相关问题研究——以甘
　　肃五县、内蒙二县为例. 林业经济, 39(3): 3-15.
刘凤喜. 1999. 大连市城市噪声污染损失货币化研究. 辽宁城乡环境科技, (1): 27-28, 80.
刘凯昌, 苏树权, 江建发, 许文安. 2002. 不同植被类型空气负离子状况初步调查. 广东林业科
　　技, 18(2): 37-39.
刘润香, 李鼎. 2003. 抚顺市大气污染治理成本浅析. 辽宁城乡环境科技, (1): 8-10.
刘伟华. 2014. 库布其GEP核算项目对我国生态文明建设的促进作用. 前沿, (Z7): 119-120.
刘亚萍, 潘晓芳, 钟秋平, 金建湘. 2006. 生态旅游区自然环境的游憩价值——运用条件价值评
　　价法和旅行费用法对武陵源风景区进行实证分析. 生态学报, 26(11): 3765-3774.

刘艳丽. 2013. 中国首个生态系统生产总值(GEP)评估核算项目启动. 森林与人类, (3): 7.

刘玉龙, 马俊杰, 金学林, 王伯铎, 林积泉, 张铭. 2005. 生态系统服务功能价值评估方法综述. 中国人口·资源与环境, 15(1): 88-92.

刘振东, 汪健. 2016. 模块化人工湿地在农村生活污水处理中的应用. 绿色科技, (2): 45-47.

鲁敏, 李英杰, 李萍. 2002a. 城市生态学研究进展. 山东建筑工程学院学报, 17(4): 42-48.

鲁敏, 张月华, 胡彦成, 李英杰. 2002b. 城市生态学与城市生态环境研究进展. 沈阳农业大学学报, 33(1): 76-81.

马传栋. 1986. 论城市生态经济系统的基本特点. 生态经济, (3): 3-6.

马国国, 杨永春. 2004. 生态城市理论研究综述. 兰州大学学报(社会科学版), 32(5): 108-116.

孟祥江, 侯元兆. 2010. 森林生态系统服务价值核算理论与评估方法研究进展. 世界林业研究, 23(6): 8-12.

欧阳志云, 王如松, 赵景柱. 1999. 生态系统服务功能及其生态经济价值评价. 应用生态学报, 10(5): 635-640.

欧阳志云, 赵同谦, 赵景柱, 肖寒, 王效科. 2004. 海南岛生态系统生态调节功能及其生态经济价值研究. 应用生态学报, (8): 1395-1402.

欧阳志云, 朱春全, 杨广斌, 徐卫华, 郑华, 张琰, 肖燚. 2013. 生态系统生产总值核算: 概念、核算方法与案例研究. 生态学报, 33(21): 6747-6761.

彭海昀. 1990. 联合国人与生物圈计划(MAB)及其在中国的发展. 资源与环境, (2): 89-92.

彭建, 王仰麟, 陈燕飞, 李卫锋, 蒋依依. 2005. 城市生态系统服务功能价值评估初探——以深圳市为例. 北京大学学报(自然科学版), 41(4): 594-604.

秦贵棉, 马富芹. 2008. 中国主要省会城市声环境服务价值研究. 科学技术与工程, (17): 4934-4938.

秦俊, 王丽勉, 高凯, 胡永红, 王玉勤, 由文辉. 2008. 植物群落对空气负离子浓度影响的研究. 华中农业大学学报, 27(2): 303-308.

青木昌彦, 安藤晴彦. 2003. 模块时代: 新产业结构的本质. 上海: 上海远东出版社.

邱桔. 2006. 城市生态风险评价研究——以珠海市为例. 长沙: 中南林业科技大学博士学位论文.

全艳玲. 2009. 工程项目成本管理约束机制研究. 武汉: 武汉理工大学硕士学位论文.

荣爱琴. 2011. 工业固体废弃物的综合利用及其带来的企业效益. 现代商业, (29): 283-284.

深圳市发展和改革委员会. 2013. 深圳市产业结构调整优化和产业导向目录(2013年本). http://www.szpb.gov.cn/xxgk/zcfggfxwj/zcfg01/201605/t20160510_3620779.htm[2016-9].

深圳市规划和国土资源委员会. 2001. 深圳市城市规划条例. http://www.fzb.sz.gov.cn/fggzsjk/201505/t20150513_2875518.htm[2016-7].

深圳市规划和国土资源委员会. 2013. 广东省深圳市土地利用总体规划(2006—2020年). http://www.szgm.gov.cn/xxgk/xqgwhxxgkml/ghjh_116525/fzgh/201711/t20171124_10020939.htm[2016-7].

深圳市建筑工务署. 2008. 深圳市政府投资项目审批流程和申报材料指引. http://www.sz.gov.cn/jzgws/szsjzgws/new/qqgzzn/zftzxmsplcjsbzn/[2016-12].

深圳市人民政府. 2001. 深圳市城市规划条例. http://www.fzb.sz.gov.cn/fggzsjk/201505/t20150513_2875518.htm[2016-8].

深圳市人民政府. 2014. 深圳市人民政府关于印发深圳市社会投资项目准入指引目录(2014年本)的通知. http://www.sz.gov.cn/zfgb/2014/gb897/201410/t20141029_2614522.htm[2016-12].

深圳市盐田区人民政府. 2011. 深圳市盐田区国民经济和社会发展第十二个五年规划纲要. http://www.yantian.gov.cn/cn/zwgk/ghjh/fzgh/201105/t20110517_5474701.htm[2016-8].

深圳市盐田区人民政府. 2014. 盐田区生态文明建设中长期规划(2013—2020年). http://www.yantian.gov.cn/cn/zwgk/ghjh/fzgh/201405/t20140515_5464428.htm[2016-9].

深圳市盐田区人民政府. 2015a. 城市建设. http://www.yantian.gov.cn/cn/zjyt/csyt/csjs/201712/t20171225_10627072.htm[2015-10].

深圳市盐田区人民政府. 2015b. 自然资源. http://www.yantian.gov.cn/cn/zjyt/csyt/zrzy/201805/t20180510_11845269.htm[2015-10].

深圳市盐田区人民政府. 2016. 深圳市盐田区国民经济和社会发展第十三个五年规划纲要. http://www.yantian.gov.cn/icatalog/bm/fzhggj/03/zcqfzgh/201605/t20160525_5411818.htm[2017-1].

深圳市盐田区统计局. 2013. 深圳市盐田区统计年报. http://www.yantian.gov.cn/cn/zwgk/tj/tjnb/2013n/[2014-10].

深圳市盐田区统计局. 2014. 盐田区2013年国民经济和社会发展统计公报. http://www.yantian.gov.cn/cn/zwgk/tj/tjgb/201405/t20140517_5464480.htm[2014-8].

沈超青, 马晓茜. 2010. 广州市餐厨垃圾不同处置方式的经济与环境效益比较. 环境污染与防治, 32(11): 103-106.

石洪华, 王晓丽, 郑伟, 王媛. 2014. 海洋生态系统固碳能力估算方法研究进展. 生态学报, 34(1): 12-22.

世界卫生组织. 2005. 关于颗粒物、臭氧、二氧化氮和二氧化硫的空气质量准则. Switzerland: WHO Press.

舒惠国. 2001. 生态环境与生态经济. 北京: 科学出版社: 39-94.

宋金明, 李学刚, 袁华茂, 郑国侠, 杨宇峰. 2008. 中国近海生物固碳强度与潜力. 生态学报, 28(2): 551-558.

宋治清, 王仰麟. 2004. 城市区域生态系统服务功能——以深圳市为例. 城市环境与城市生态, 17(3): 35-37.

苏美蓉, 杨志峰, 张迪. 2007. 城市生态系统服务功能价值评估方法初探. 环境科学与技术, 30(7): 52-55, 118.

孙晓峰. 2005. 模块化技术与模块化生产方式: 以计算机产业为例. 中国工业经济, (6): 60-66.

汤新云. 2007. 城市生活垃圾的再生利用研究与效益分析. 中国科技成果, (14): 29-31.

唐剑, 贾秀兰. 2012. 西藏生态环境保护体系的构建——基于双重约束机制的理论分析框架. 西南民族大学学报(人文社会科学版), 33(3): 126-131.

唐元琴, 李竞. 2011. 论现代企业的员工激励问题. 中国市场, (36): 58-62, 69.

万传才. 2006. 论激励机制在组织中的运用. 消费导刊, (11): 312-313.

王兵, 鲁绍伟, 尤文忠, 任晓旭, 邢兆凯, 王世明. 2010. 辽宁省森林生态系统服务价值评估. 应用生态学报, 21(7): 1792-1798.

王兵, 郑秋红, 郭浩. 2008. 基于Shannon-Wiener指数的中国森林物种多样性保育价值评估方法. 林业科学研究, 21(2): 268-274.

王健. 2007. 我国生态补偿机制的现状及管理体制创新. 中国行政管理, (11): 87-91.

王金南, 万军, 张惠远. 2006. 关于我国生态补偿机制与政策的几点认识. 环境保护, (19): 24-28.

王金南, 於方, 蒋洪强, 邹首民, 过孝民. 2005. 建立中国绿色GDP核算体系: 机遇、挑战与对策. 环境保护, (5): 56-60.

王如松. 1988. 高效·和谐 城市生态调控原则与方法. 长沙: 湖南教育出版社.

王赛赛. 2015. 纺织产品工业碳足迹模块化核算方法研究及其软件开发. 上海: 东华大学硕士学位论文.

王舒曼, 曲福田. 2001. 水资源核算及对GDP的修正——以中国东部经济发达地区为例. 南京农业大学学报, 24(2): 115-118.

王松霈. 2003. 生态经济学为可持续发展提供理论基础. 中国人口·资源与环境, 13(2): 14-19.

王小杰, 李跃明. 2009. 深圳市城市土壤侵蚀预测模型的初步建立. 中国农村水利水电, (9): 71-74.

王效科, 欧阳志云, 仁玉芬, 王华锋. 2009. 城市生态系统长期研究展望. 地球科学进展, 24(8): 928-935.

王艳. 2006. 区域环境价值核算的方法与应用研究. 青岛: 中国海洋大学博士学位论文.

王艳艳, 杨明川, 潘耀忠, 朱文泉, 龙中华, 刘旭拢, 顾晓鹤. 2005. 中国陆地植被生态系统生产有机物质价值遥感估算. 生态环境, 14(4): 455-459.

王越, 彭胜巍. 2014. 深圳市生态文明建设考核制度研究. 特区经济, (8): 11-14.

夏丽华, 宋梦. 2002. 经济发达地区城市生态服务功能的研究. 广州大学学报(自然科学版), 1(3): 71-74.

肖建红, 于庆东, 陈东景, 王敏. 2011. 舟山普陀旅游金三角游憩价值评估. 长江流域资源与环境, 20(11): 1327-1333.

谢高地, 鲁春霞, 成升魁. 2001. 全球生态系统服务价值评估研究进展. 资源科学, 23(6): 5-9.

谢高地, 肖玉, 鲁春霞. 2006. 生态系统服务研究: 进展、局限和基本范式. 植物生态学报, 30(2): 191-199.

谢高地, 张彩霞, 张雷明, 陈文辉, 李士美. 2015. 基于单位面积价值当量因子的生态系统服务价值化方法改进. 自然资源学报, (8): 1243-1254.

谢高地, 甄霖, 鲁春霞, 肖玉, 陈操. 2008. 一个基于专家知识的生态系统服务价值化方法. 自然资源学报, 23(5): 911-919.

谢贤政, 马中. 2006. 应用旅行费用法评估黄山风景区游憩价值. 资源科学, 28(3): 128-136.

谢正宇, 李文华, 谢正君, 李新琪. 2011. 艾比湖湿地自然保护区生态系统服务功能价值评估. 干旱区地理, 34(3): 532-540.

新华网. 中国首个生态系统生产总值(GEP)机制在库布其沙漠实施. 2013-2-25.

熊瑛, 王珊, 宛素春. 2003. 大型主题公园评析. 北京规划建设, (5): 15-19.

熊志强. 2008. 江西建立生态环境激励机制. 中国环境报, 第001版.

徐俏, 何孟常, 杨志峰, 鱼京善, 毛显强. 2003. 广州市生态系统服务功能价值评估. 北京师范大学学报(自然科学版), 39(2): 268-272.

徐祥, 李大成, 陈皓. 2012. 模块化设计在小型污水处理厂设计中的应用. 污染防治技术, 25(3): 36-39.

许丽忠, 张江山, 王菲凤. 2006. 城市声环境舒适性服务功能价值分析. 环境科学学报, 26(4): 694-698.

薛慧. 2013. 人工系统生态服务研究. 杭州: 浙江大学博士学位论文.

闫秀婧. 2010. 青岛市森林与湿地负离子的空间分布特征. 林业科学, 46(6): 65-70.

严承高, 张明祥, 王建春. 2000. 湿地生物多样性价值评价指标及方法研究. 林业资源管理, (1): 41-46.

严茂超. 2001. 生态经济学新论: 理论、方法与应用. 北京: 中国致公出版社.

严武英, 顾卫兵, 邱建兴, 白晓龙, 喜冠南. 2012. 餐厨垃圾的饲料化处理及其效益分析. 粮食与饲料工业, (9): 39-42.

杨建军, 董小林. 2013. 城市固体废物环境治理成本核算及分析. 桂林理工大学学报, 33(3): 467-475.

杨晟朗, 李本纲. 2015. 基于遥感资料的北京大气污染治理投资对降低$PM_{2.5}$的效能分析. 环境科学学报, 35(1): 42-48.

尤飞, 王传胜. 2003. 生态经济学基础理论、研究方法和学科发展趋势探讨. 中国软科学, (3): 131-138.

於方, 过孝民, 张衍燊, 潘小川, 赵越, 王金南, 曹东, Cropper M, Aunan K. 2007. 2004年中国大气污染造成的健康经济损失评估. 环境与健康杂志, 24(12): 999-1003, 1033.

虞依娜, 彭少麟. 2010. 生态系统服务价值评估的研究进展. 生态环境学报, 19(9): 2246-2252.

袁定金. 2003. 国有资本运营中的激励与约束问题研究. 成都: 西南财经大学博士学位论文.

曾绍伦, 任玉珑, 王伟. 2009. 循环经济评价研究进展与展望. 生态环境学报, 18(2): 783-789.

张凡. 2008. 浅析城市生态规划历程及其在中国的发展与实践. 北京园林, (2): 22-25.

张理茜, 蔡建明, 王妍. 2010. 城市化与生态环境响应研究综述. 生态环境学报, 19(1): 244-252.

张志强, 徐中民, 程国栋. 2001. 生态系统服务与自然资本价值评估. 生态学报, 21(11): 1918-1926.

赵军, 杨凯. 2007. 生态系统服务价值评估研究进展. 生态学报, 27(1): 346-356.

赵银慧. 2010. 浅析"城市环境综合整治定量考核"制度. 环境监测管理与技术, 22(6): 66-68.

赵煜, 赵千钧, 崔胜辉, 峇涛, 尹锴. 2009. 城市森林生态服务价值评估研究进展. 生态学报, 29(12): 6723-6732.

浙江省财政厅. 2008. 浙江省财政厅. 2008. 浙江省人民政府办公厅关于印发浙江省生态环保财力转移支付试行办法的通知. http://www.zj.gov.cn/art/2013/1/4/art_13012_67077.html[2016-12].

郑度. 1988. "生态学"一词出现的最早年代. 地理译报, (3): 60.

郑志国. 2012-8-27. 探索建立生态发展激励机制. 南方日报, 2 版: 观点.

钟大能. 2014. 推进国家重点生态功能区建设的财政转移支付制度困境研究. 西南民族大学学报(人文社会科学版), 35(4): 122-126.

周立华. 2004. 生态经济与生态经济学. 自然杂志, 26(4): 238-242.

周龙. 2010. 资源环境经济综合核算与绿色GDP 的建立. 北京: 中国地质大学（北京）博士学位论文.

周庆华. 2012. 论市场秩序形成的内在机制和外部约束. 企业导报, (6): 1-2.

周伟, 窦虹, 欧晓红. 2007. 生物多样性价值的评估方法. 云南农业大学学报, 22(1): 35-40.

周杨明, 于秀波, 于贵瑞. 2008. 生态系统评估的国际案例及其经验. 地球科学进展, 23(11): 1209-1217.

朱艳芳. 2011. 城市生态学的若干问题探讨. 江西化工, (3): 34-36.

宗文君, 蒋德明, 阿拉木萨. 2006. 生态系统服务价值评估的研究进展. 生态学杂志, 25(2): 212-217.

宗跃光, 徐宏彦, 汤艳冰, 陈红春. 1999. 城市生态系统服务功能的价值结构分析. 城市环境与城市生态, 12(4): 19-22.

Costanza R, d' Arge R, de Groot R, Farber S, Grasso M, Hannon B, Limburg K, Naeem S, O' Neill R V, Paruelo J, Raskin R G, Sutton P, van den Belt M. 1997. The value of the world' s ecosystem services and natural capital. Nature, 387: 253-260.

Costanza R, King J. 1999. The first decade of ecological economics. Ecological Economics, 28(1): 1-9.

Daly, Herman E. 1991. Steady-State Economics as a Life Science, 2nd, with New Eassays. Washington D.C.: Island Press: 1-17.

Ehrlich P R, Ehrlich A H. 1981. Extinction: the Causes and Consequences of the Disappearance of Species. New York: Random House.

Ehrlich P R, Ehrlich A H, Holdren J P. 1977. Ecoscience: Population, Resources, Environment.San Francisco: Freeman and Co.

Eigenraam M, Chua O, Hasker J. 2012. Land and Ecosystem Services: Measurement and Accounting in Practice. Ottawa: 18th Meeting of the London Group on Environmental Accounting.

Farber S C, Costanza R, Wilson M A. 2002. Economic and ecological concepts for valuing ecosystem services. Ecological Economics, 41(3): 375-392.

James L D, Lee R R. 1984. 水资源规划经济学. 常锡厚等译. 北京: 水利电力出版社.

Krutilla J V. 1968. Conservation reconsidered. American Economic Review, 57（4）: 777-786.

Millennium Ecosystem Assessment. 2005. Ecosystems and Human Well-being: Biodiversity Synthesis. Washington D. C.: World Resources Institute.

Odum H T. 1996. Environment Accounting: Energy and Environ mental Decision Making. New York: John Wiley and Sons: 370.

SCEP. 1970. Man' s Impact on the Global Environment: Study of Critical Environmental Problems. Cambridge: MIT Press.

后　　记

　　感谢深圳市人居环境委员会和盐田区委区政府的各位领导和同事对本书的顺利出版所做出的努力。感谢科学技术部国家重点研发项目（2016YFC0503500）、生态环境部环境经济核算（绿色 GDP2.0）项目和仲恺青年学者科研启动基金项目（KA180581302）的大力支持，感谢深圳市人居环境委员会、盐田区环境保护和水务局对城市生态系统生产总值核算与应用系列科研项目的资助。感谢莅临参加 2016 年 8 月 12 日在北京召开的"城市 GEP 核算与应用研究"专家鉴定会的金鉴明院士、刘鸿亮院士、杨志峰院士，以及一路以来为 GEP 理论研究、实践应用提出诸多宝贵意见和建议的专家，感谢科学出版社的各位编辑为本书的编辑出版付出的艰辛劳动和所做的杰出工作。由于写作时间仓促，加之作者能力有限，因此书中难免存在不足之处，衷心期待读者的批评指正。

编　者

2018 年 4 月